重庆市骨干高等职业院校建设项目规划教材
重庆水利电力职业技术学院课程改革系列教材

水工概预算

主　编　刁明月　雷丽莎　张衍林　周　祥
副主编　邹鲁慧　肖云川　田　清　唐　洁
　　　　白　锋　任富君　张泰辉
主　审　周治礼

黄河水利出版社
·郑州·

内容提要

本书是重庆市骨干高等职业院校建设项目规划教材、重庆水利电力职业技术学院课程改革系列教材之一，由重庆市财政重点支持，根据高职高专教育水工概预算课程标准及理实一体化教学要求编写完成。本书从我国水利水电工程建设与管理的实际出发，以水利水电工程概预算编制全过程为主线，系统地介绍了基本建设和工程定额的概念，水利水电工程概预算项目划分，基础单价编制，水利水电工程概算编制，设计概算编制，水利水电工程投资估算、施工图预算、施工预算，以及水利水电工程造价软件应用等。

本书可作为高职高专院校水利水电工程等相关专业概预算课程的教材，也可供从事水利水电工程规划、设计、施工、监理等相关工作的工程技术人员阅读参考。

图书在版编目(CIP)数据

水工概预算/刁明月等主编. —郑州：黄河水利出版社，2016.8 (2018.1 修订重印)
重庆市骨干高等职业院校建设项目规划教材
重庆水利电力职业技术学院课程改革系列教材
ISBN 978-7-5509-1537-4

Ⅰ.①水… Ⅱ.①刁… Ⅲ.①水利水电工程-建筑概算定额-高等职业教育-教材②水利水电工程-建筑预算定额-高等职业教育-教材 Ⅳ.①TV512

中国版本图书馆 CIP 数据核字(2016)第 207488 号

组稿编辑：王路平 电话：0371-66022212 E-mail：hhslwlp@163.com

出 版 社：黄河水利出版社 网址：www.yrcp.com
地址：河南省郑州市顺河路黄委会综合楼 14 层 邮政编码：450003
发行单位：黄河水利出版社
发行部电话：0371-66026940、66020550、66028024、66022620(传真)
E-mail：hhslcbs@126.com
承印单位：河南承创印务有限公司
开本：787 mm×1 092 mm 1/16
印张：12
字数：280 千字 印数：2 001—4 000
版次：2016 年 8 月第 1 版 印次：2018 年 1 月第 2 次印刷
2018 年 1 月修订

定价：30.00 元

前　言

按照"重庆市骨干高等职业院校建设项目"规划要求，水利水电建筑工程专业是该项目的重点建设专业之一，由重庆市财政支持、重庆水利电力职业技术学院负责组织实施。按照子项目建设方案和任务书，通过广泛深入的行业、市场调研，与行业、企业专家共同研讨，不断创新基于职业岗位能力的"三轮递进，两线融通"的人才培养模式，以水利水电建设一线的主要技术岗位核心能力为主线，兼顾学生职业迁徙和可持续发展需要，构建基于职业岗位能力分析的教学做一体化课程体系，优化课程内容，进行精品资源共享课程与优质核心课程的建设。经过三年的探索和实践，已形成初步建设成果。为了固化骨干建设成果，进一步将其应用到教学之中，最终实现让学生受益，经学院审核，决定正式出版系列课程改革教材，包括优质核心课程和精品资源共享课程等。

为适应社会主义市场经济的发展和水利水电工程基本建设投资管理的需要、提高概(估)算编制质量、合理确定工程投资，在水总〔2002〕116号关于发布《水利建筑工程预算定额》《水利建筑工程概算定额》《水利工程施工机械台时费定额》及《水利工程设计概(估)算编制规定》(〔2014〕429号)通知的基础上，并结合近些年水利水电工程自身行业特点，编制了本教材。

本书针对高职高专学生的特点，采用项目化教学的方法编写。全书分七个项目，项目1结合水利水电工程介绍了水利水电工程概预算概论，项目2介绍了水利水电工程概预算项目划分，项目3介绍了基础单价编制，项目4介绍了建筑及安装工程单价编制，项目5和项目6介绍了水利水电工程设计概算、投资估算、施工图预算、施工预算等的编制，项目7介绍了水利水电工程造价软件应用。

本书由重庆水利电力职业技术学院刁明月、雷丽莎、张衍林、周祥担任主编，刁明月负责全书统稿；由重庆水利电力职业技术学院邹鲁慧、肖云川、田清、唐洁，四川锦瑞青山科技有限公司白锋、任富君、张泰辉担任副主编；由重庆昊天建设工程造价事务所有限公司周治礼担任主审。

本书在编写过程中参考了许多专业书籍和规范，同时也得到了有关专家和同行的支持。在此，编者向有关人员表示感谢！

由于编者水平有限，书中不足之处敬请广大师生与读者批评指正。

编　者

2016年6月

目 录

项目1　水利水电工程概预算概论

本项目重点

1. 了解基本建设含义。
2. 熟悉基本建设程序、基本建设项目划分、定额的作用及分类。
3. 掌握水利工程造价项目划分、水利工程造价费用构成。

任务1.1　基本建设概述及建设程序

1.1.1　基本建设概述

1.1.1.1　基本建设的含义

"基本建设"一词是1926年4月斯大林在一次报告中提出来的，其含义是资本建设或资金建设。英美等国称之为固定资本投资或资本支出，日本称之为建设投资。我国从1950年起正式使用"基本建设"这个词，其含义简单地讲，就是以扩大生产能力（或增加工程效益）为目的的综合经济活动。具体地讲，就是建造、购置和安装固定资产的活动以及与之相联系的工作，如征用土地、勘察设计、筹建机构、培训员工等。例如，建设一个工厂即为基本建设，包括厂房的建造、机器设备的购置和安装以及土地征用、勘察设计、筹建机构、培训职工等工作。

基本建设的含义可以从以下几个方面来进行理解：

（1）基本建设是社会主义国家扩大再生产的重要方式，是我国进行四个现代化建设的物质基础。

（2）基本建设是进行固定资产生产的一种工业生产活动，而不是消费活动。基本建设产品（简称基建产品）具有商品属性。

①基建产品与普通商品一样，具有使用价值和价值。所有基建产品都是有不同使用价值的固定资产，如能够生产各种使用价值产品的工厂、矿山，能够供人们居住和使用的住宅、医院等。从价值构成上看，基建产品既包含生产中的转移价值（材料、设备、施工机械耗用价值），又包括工人在施工中新创造的价值。

②生产基建产品的劳动同样具有二重性。形成固定资产的过程中，体现了设计、施工等人员的具体劳动，同时也凝结着人们的一般劳动。

③基建产品的价值与普通商品一样，必须遵循价值规律的要求，取决于社会必要劳动

时间,按等价交换原则进行交换。

④基建产品的价值也要以货币来衡量和表现,即表现为价格。

(3)基本建设是人们使用施工机具对建筑材料、设备进行建造、加工、安装形成固定资产的生产活动。

(4)基本建设是按照一定程序进行固定资产投资的一种经营方式。

①基本建设主要形成固定资产投资,但是不完全是形成固定资产。

第一套工、卡、模具,备品备件、低价值易耗品和流动资金等都是由基本建设开支,但不形成固定投资。

工程建设其他费用,如建设单位管理费、生产职工培训费、联合试运转费等均由基本建设开支,但是都不形成固定资产。

②基本建设一般有建筑安装工程和设备购置,但这些并不是基本建设投资的必要条件。例如,引进技术(软件)等,并没有建筑安装工程和设备购置,却同样属于基本建设。

③固定资产扩大再生产往往采用基本建设方式,但是简单再生产也要按照基本建设程序进行管理。例如,只要是建造油田矿井,就必须按照基本建设程序进行投资。而新建的油田矿井,增加了生产能力,属于固定资产扩大再生产,但是由于资源枯竭而异地建设的油井矿山,只是延续原有生产能力,属于简单再生产。

④基本建设是固定资产投资,但不是全部的固定资产投资。

1.1.1.2 基本建设的特点

基本建设是社会扩大再生产,加速四个现代化的重要手段,有其特殊性,是按照自己的内在规律来实现其固定资产增值的。它具有如下特点:

(1)它是一种消耗大、周期长的经济活动,在建设期只投入而不产出。由于基本建设的工程整体性强,构造复杂,形体庞大,建设周期长,人力、物力、财力投入大,因此整个建设过程必须有计划按步骤有序进行,即按基本建设程序运行,任何形式的中断、跨越、违序都意味着浪费和损失。

(2)它是一项涉及多学科的经济技术活动,具有很强的综合性。在工程建设过程中,需要国民经济很多部门提供产品、条件和服务,建成后还需要大量的外部条件才能充分发挥其预期效益。

(3)建设单位(业主)要介入整个建设过程。从项目建议、立项及方案确定、工程发包、工程质量进度、投资控制、设计管理、竣工验收,直到投产达标,建设单位都要承担直接责任,这种买方直接介入生产全过程的期货交易形式,与其他商品"一手交钱、一手交货"的交易形式完全不同。

(4)建设项目空间的不变性。建设工程都固定在选定的地点,建成后一般不再移动,项目的固定性直接影响生产的布局,若选址不当,将长期背包袱。

(5)组织建设的复杂性。工程多数是在露天作业,受季节、地址、气候影响,对建设条件、建设资源也要适时适量调配组织,因而使得组织规划建设工作非常复杂。

1.1.1.3 基本建设的作用

1. 实现社会扩大再生产

为国民经济各部门增加新的固定资产和生产能力,对建立新的生产部门、调整原有经济结构、促进生产力的合理配置、提高生产技术水平等具有重要的作用。

2. 改善和提高人民的生活水平

在增强国家经济实力的基础上,提供大量住宅和科研、文教卫生设施以及城市基础设施,对改善和提高人民的物质文化生活水平具有直接的作用。

1.1.2 基本建设程序

1.1.2.1 基本建设程序的含义

一项工程从计划建设到建成投产,要经过许多阶段和环节,有其客观规律性。这种规律性与基本建设自身所具有的技术经济特点有着密切的联系。首先,基本建设工程具有特定的用途。任何工程,不论建设规模大小,工程结构繁简,都要切实符合既定的目的和需要。其次,基本建设工程的位置是固定的。在哪里建设,就在哪里形成生产能力。因此,工程建设受工程地质和水文地质等自然条件的严格制约。基本建设的这些技术经济特点,决定了任何项目的建设过程,一般都要经过计划决策、勘察设计、组织施工、验收投产等阶段,每个阶段又包含着许多环节。这些阶段和环节有其不同的工作步骤和内容,它们按照自身固有的规律,有机地联系在一起,并按客观要求的先后顺序进行。

1.1.2.2 水利水电工程基本建设程序

基本建设程序是基本建设项目从决策、设计、施工到竣工验收整个工作过程中各个阶段必须遵循的先后次序。水利水电基本建设因其规模大、费用高、制约因素多等特点,更具复杂性及失事后的严重性。

1. 流域(或区域)规划

流域(或区域)规划就是根据该流域(或区域)的水资源条件和国家长远计划对该地区水利水电建设发展的要求,确定该流域(或区域)水资源的梯级开发和综合利用的最优方案。

2. 项目建议书

项目建议书又称立项报告。它是在流域(或区域)规划的基础上,由主管部门(或投资者)对准备建设的项目提出的轮廓设想和建议,主要是从宏观上衡量分析该项目建设的必要性和可能性,即分析其建设条件是否具备,是否值得投入资金和人力。项目建议书是进行可行性研究的依据。

3. 可行性研究

可行性研究的目的是研究兴建本工程技术上是否可行,经济上是否合理。其主要任务如下:

(1)论证工程建设的必要性,确定本工程建设任务和综合利用的主次顺序。

(2)确定主要水文参数和成果,查明影响工程的主要地质条件和存在的主要地质问题。

(3)基本选定工程规模。

(4)选定基本坝型和主要建筑物的基本形式,初选工程总体布置。

(5)初选水利工程管理方案。

(6)初步确定施工组织设计中的主要问题,提出控制性工期和分期实施意见。

(7)评价工程建设对环境和水土保持设施的影响。

(8)提出主要工程量和建材需用量,估算工程投资。

(9)明确工程效益,分析主要经济指标,评价工程的经济合理性和财务可行性。

4. 勘察设计阶段

可行性研究报告批准以后,项目法人应择优选定有相应资质的勘测设计单位进行勘测设计。设计分阶段进行,一般采用两阶段进行,即初步设计与施工图设计。对于有些大型工程和重要的中型工程一般采用三阶段设计,即初步设计、技术设计及施工图设计。

(1)初步设计主要是解决建设项目的技术可靠性和经济合理性问题。初步设计主要包括工程的总体规划布置,工程规模,地质条件,主要建筑物的位置、结构形式和尺寸,主要建筑物的施工方法、导流方案、环境保护、水库淹没、工程占地等内容。对大中型水利水电工程的一些设计、施工中的重大问题,如新坝型、泄洪方式、施工导流、截流等,应进行相应深度的科学研究,必要时,应有模型试验成果的论证。

初步设计包括设计报告、初设概算和经济评价三项资料,报批前一般由项目法人委托具有相应资质的工程咨询机构或组织专家,对初步设计中的重大问题进行咨询论证。设计单位根据咨询论证意见,对初步设计文件进行补充、修改和优化。初步设计由项目法人组织审查后,按国家现行规定权限向主管部门申报审批。

(2)技术设计是根据初步设计和更详细的调查研究资料编制,进一步解决初步设计中的重大技术问题,如工艺流程、建筑结构、设备选型等,以使建设项目设计更具体、更完善及技术经济指标更好。

(3)施工图设计是在初步设计和技术设计的基础上,根据建筑安装工作的需要,针对各项工程的具体施工,绘制施工详图。施工图纸一般包括图纸目录,施工说明,施工总平面图,建筑物的平面图、立面图、剖面图,结构详图,设备安装详图,各种材料、设备明细表等。施工图设计文件是已定方案的具体化,由设计单位完成。在交付施工单位时,须经建设单位技术负责人审查签字。根据现场需要,设计人员应到现场进行技术交底,并可以根据项目法人、施工单位及监理单位提出的合理化建议进行局部修改。

5. 施工准备阶段

在主体工程开工之前,项目法人必须完成各项施工准备工作。其主要内容包括:

(1)完成施工现场的征地、拆迁工作。

(2)完成施工用水、用电、通信、道路和场地平整等工程。

(3)完成必需的生产、生活临时建筑工程。

(4)组织招标设备和物资采购等服务。

(5)组织监理和施工招标投标,并择优选定监理单位和施工承包队伍。

6. 建设实施阶段

当开工准备基本就绪后,应由项目法人提出申请开工报告,经主管部门严格审批后,才能开工兴建。施工是把设计变为具有使用价值的建设实体,必须严格按照设计图纸进行,如有修改变动,要按程序进行。主体工程开工必须具备以下条件:

(1)前期工程各阶段文件已按规定批准,施工详图设计可以满足初期主体工程施工需要。

(2)建设项目已列入国家或地方水利水电建设投资年度计划,年度建设资金已落实。

(3)主体工程招标已经决标,工程承包合同已经签订,并已得到主管部门同意。

(4)现场施工准备和征地移民等建设外部条件能够满足主体工程开工需要。

(5)建设管理模式已经确定,投资主体与项目主体的管理关系已经理顺。

(6)项目建设所需全部投资来源已经明确,且投资结构合理。

7.生产准备阶段

生产准备是项目投产前要进行的一项重要工作,是建设阶段转入生产经营阶段的必要条件。项目法人应按照建管结合和项目法人责任制的要求,适时做好有关生产准备工作。

生产准备应根据不同类型的工程要求确定,一般应包括如下主要内容:

(1)生产组织准备。建立生产经营的管理机构及相应管理制度。

(2)招收和培训人员。按照生产运营的要求,配备生产管理人员,并通过多种形式的培训,提高人员素质,满足运营要求。

(3)生产技术准备。主要包括技术资料的汇总、运行技术方案的制订、岗位操作规程的制订和新技术的准备。

(4)生产物资准备。主要落实投产运营所需要的原材料、协作产品、工器具、设备备件和其他协作配合条件的准备。

(5)正常的生活福利设施准备。

(5)及时具体落实产品销售合同协议的签订,提高生产经营效益,为偿还债务和资产的保值、增值创造条件。

8.竣工验收,交付使用

竣工验收是工程完成建设目标的标志,是全面考核基本建设成果、检验设计和工程质量的重要步骤。竣工验收合格的项目即可从基本建设转入生产或使用。

当建设项目的建设内容全部完成,并经过单位工程验收,符合设计要求并按水利基本建设项目档案管理的有关规定,完成了档案资料的整理工作及竣工报告、竣工结算等必需文件的编制后,项目法人按照有关规定,向验收主管部门提出申请,根据国家和部门颁布的验收规程,组织验收。

竣工结算编制完成后,须由审计机关组织竣工审计,其审计报告作为竣工验收的基本资料。

9.后评价阶段

后评价是工程交付生产运行后一段时间内,一般经过1~2年运行后,对项目的立项决策、设计、施工、竣工验收、生产运行等全过程进行系统评估的一种技术经济活动,是基本建设程序的最后一环。通过后评价达到肯定成绩、总结经验、研究问题、提高项目决策水平和投资效果的目的。评价的内容主要包括:

(1)影响评价。通过项目建成投入生产后对社会、经济、政治、技术和环境等方面所产生的影响来评价项目决策的正确性。

(2)经济效益评价。通过项目建成投产后所产生的实际效益分析,评价项目投资是否合理、经营管理是否得当,并与可行性研究阶段的评价结果进行比较,找出二者之间的差异及原因，提出改进措施。

(3)过程评价。过程评价是从项目的立项决策、设计、施工、竣工投产等全过程进行系统分析。

项目后评价工作必须遵循客观、公正、科学的原则，做到分析合理、评价公正。

任务1.2 水利水电工程造价计算的种类及特征

1.2.1 水利水电基本建设工程造价计算的种类

1.2.1.1 基本建设程序与水利水电工程造价的关系

工程项目从筹建到竣工验收整个过程，工程造价不是固定的、唯一的和静止的，它是一个随着工程的进展而逐渐深化、逐渐细化和逐渐接近工程实际造价的动态过程。基本建设程序与水利水电工程造价的关系如图1-1所示。

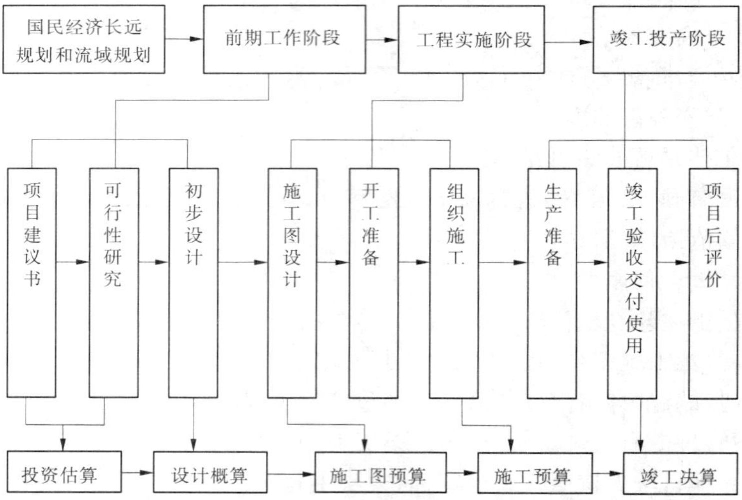

图1-1 基本建设程序与水利水电工程造价的关系

1.2.1.2 水利水电工程造价的种类

根据我国基本建设程序的规定，水利水电工程在不同的建设阶段，要编制相应的工程造价，一般有以下几种。

1. 投资估算

投资估算是指在项目建议书阶段、可行性研究阶段对建设工程造价的预测，应考虑多种可能的需要、风险、价格上涨等因素，是编制基本建设计划、建设资金筹措的依据，是可行性研究报告的重要组成部分，是项目法人科学决策和进行初步设计的重要依据。

投资估算是建设单位向国家或主管部门申请基本建设投资时，为确定建设项目投资总额而编制的技术经济文件，它是国家或主管部门确定基本建设投资计划的重要文件。主要根据估算指标、概算指标或类似工程的预(决)算资料进行编制。投资估算控制初步设计概算，是工程投资的最高限额。

2. 设计概算

设计概算是指在初步设计阶段，设计单位为确定拟建基本建设项目所需的投资额或费用而编制的工程造价文件。由于初步设计阶段对建筑物的布置、结构形式、主要尺寸以及机电设备型号、规格等均已确定，所以概算是对建设工程造价有定位性质的造价测算，设计概算不得突破投资估算。设计概算是设计文件的重要组成部分，是编制基本建设计划、进行建设资金筹措的依据，是考核设计方案和建设成本是否合理的依据。设计单位在报批设计文件的同时，要报批设计概算，设计概算经过审批后，就成为国家控制该建设项目总投资的主要依据，不得任意突破。

3. 标底与报价

标底是招标工程的预期价格，它主要是以招标文件、图纸，按有关规定，结合工程的具体情况，计算出的合理工程价格。它是由业主委托具有相应资质的设计单位或咨询单位编制完成的。

投标报价，即报价，是施工企业对建筑工程施工产品（或机电、金属结构设备）的自主定价。它反映的是市场价格，体现了企业的经营管理、技术和装备水平。

4. 施工图预算

施工图预算是建设单位或施工单位在施工图设计完成后，根据施工图设计图纸、现行预算价格（或计价定额）、费用定额、施工组织设计，以及地区人工、材料、施工机械台班等预算价格而编制和确定的建筑安装工程造价的经济文件。施工图预算应在已批准的设计概算控制下进行编制，是施工前组织物资、机具、劳动力，编制施工计划，计算和确定单位工程造价的主要依据，一般建筑工程以施工图预算作为编制施工招标标底的依据。

5. 施工预算

施工预算是指在建设工程施工前，在施工图预算的控制下，施工企业内部根据施工图计算的分项工程量、施工定额，结合施工组织设计等资料，通过工料分析，计算和确定完成一个单位工程或其分部分项工程所需的人工、材料、机械台班消耗量及其相应费用的经济技术文件。

6. 竣工结算

竣工结算是指一个单位工程或单项建筑工程竣工，并经建设单位及有关部门验收后，承包商与建设单位之间办理的最终工程结算。

7. 竣工决算

竣工决算是指建设项目全部完工后，由建设单位编制的从筹建到竣工投产全过程的全部实际支出费用的技术经济文件，是建设投资管理的重要环节。

建设项目估算、概算、预算、结算、决算，从确定建设项目，确定和控制基本建设投资，进行基本建设经济管理和施工企业经济核算，到最后核定项目的固定资产，它们贯穿于整个基本建设过程之中。设计要编制概算，施工要编制预算，竣工要编制决算，一般情况下，决算不能超过预算，预算不能超过概算，概算不能超过估算。此外，施工图预算、施工预算和竣工结算一起被称为施工企业内部所谓的“三算”，它是施工企业内部进行管理的依据。

1.2.2 水利水电工程造价及计价特征

建设工程项目作为一种商品,其造价也同其他商品一样,包括各种活劳动(人力)和物化劳动(物力和财力)的消耗量,以及这些消耗所创造的社会价值。但是,建设工程项目又有其特殊性。

建设工程具有产品固定而生产流动的特点,产品单件性、多样性的特点,产品体积庞大、生产周期长、露天作业的特点。这些特点决定其工程造价及计价的特点。

1.2.2.1 工程造价的特点

工程造价具有大额性、个别性和差异性、动态性、层次性和兼容性的特点。

(1)大额性。能够发挥投资者投资效用的任何一项工程,不仅体型庞大,而且价格高昂,动辄数百万、数千万、数亿元,特别大的工程项目其造价甚至可达上百亿。工程造价的大额性使它关系到各方面的重大经济利益,同时会对国家宏观经济产生重要影响。这就决定了工程造价管理的特殊地位,也说明了造价管理的重要意义。

(2)个别性和差异性。任何一项工程都有特定的用途、功能、规模,因此工程结构、造型、空间分割、设备配置和内外装修装饰都有具体的要求,使得工程内外形态都具个别性、差异性。产品的差异性决定了工程造价的个别性和差异性。同时,各项工程所处地区、地段都不相同,更使这一特点得到强化。

(3)动态性。一个建筑工程,从决策到竣工交付使用,每一个都有很长的建设周期。在这个周期内,许多动态因素会发生变化,如工程设计变更,设备材料价格、工资标准、费率、利率、汇率等变化。这些变化都将影响到工程造价,使工程造价处于不确定状态,直至竣工结算时才能最终确定工程实际造价。

(4)层次性。造价的层次性取决于工程的层次性。工程造价有 3 个层次:建设项目总造价、单项工程造价、单位工程造价。如果专业分工更细,还可有分部、分项工程造价,从而形成 5 个层次。

(5)兼容性。工程造价的兼容性首先表现在它具有建设性项目总投资和建筑安装工程费用两种意义,其次表现为成本和盈利的构成非常复杂、相互交容。

1.2.2.2 水利水电工程造价的计价特征

熟悉水利水电工程造价的计价特征,对工程造价的确定与控制是非常有益的。主要计价特征如下。

1. 单件性计价

单件性计价是指建设工程不能像一般的工业产品那样由国家或企业按品种、规格、质量等成批地规定统一价格,而必须通过特殊的程序,如编制概算、预算来单独确定每一个项目的造价。

2. 多次性计价

多次性计价是指为了适应基本建设各阶段管理的需要,在基本建设程序的不同阶段,多次进行工程造价的确定工作。如可行性研究阶段通过编制投资估算确定工程造价,初步设计阶段编制设计概算,技术设计阶段编制修正概算,施工图设计阶段编制施工图预算,工程招标投标阶段编制标底和报价,施工阶段进行工程结算,竣工阶段编制竣工决算来多次确定工程造价。

3. 按工程构成的分部组合计价

按工程构成的分部组合计价，即工程造价是按构成建设项目的单位工程、单项工程分别确定，最后汇总而成的，但不能不进行分解而一次性计算出来。

任务1.3 工程定额

1.3.1 工程定额的概述

1.3.1.1 工程定额的含义

所谓定，就是规定；所谓额，就是额度和限度。从广义理解，定额就是规定的额度及限度，即标准或尺度。

在工程建设中，为了完成某一工程项目，所需消耗一定数量的人力、物力和财力资源，这些资源的消耗是随着施工对象、施工方法和施工条件的变化而变化的。工程建设定额是指在正常的施工生产条件下，完成单位合格产品所消耗的人工、材料、施工机械及资金消耗的数量标准。不同的产品有不同的质量要求，不能把定额看成单纯的数量关系，而应看成质量和安全的统一体。只有考察总体生产过程中的各生产因素，归结出社会平均必需的数量标准，才能形成定额。

我国经济体制改革的目标模式是建立社会主义市场经济体制。定额既不是计划经济的产物，也不是与市场经济相悖的体制改革对象。定额管理二重性决定了它在市场经济中仍然具有重要的地位和作用。首先，定额与市场经济的共融性是与生俱来的。在市场经济中，每个商品生产者和商品经营者都被推向市场，他们为了在竞争中求生存、求发展，要努力提高自己的竞争能力，这就必然要求利用手段加强管理，以达到提高工作效率、降低生产和经营成本、提高市场竞争能力的目的。其次，定额不仅是市场供给主体加强竞争能力的手段，而且是体现国家加强宏观调控管理的手段。如果没有定额，无法判断项目的经济可行性；没有定额，无法实施建设过程造价的有效控制。可见，利用定额加强宏观调控和宏观管理是经济发展的客观要求，也是建立规范化的市场和竞争、有序的市场的客观要求。

(1)在工程建设中，定额仍然具有节约社会劳动和提高生产效率的作用。一方面，企业以定额作为促进工人节约社会劳动(工作时间、原材料等)和提高劳动效率、加快工作速度的手段，以增加市场竞争能力，获取更多的利润；另一方面，作为工程造价计算依据的各类定额，又促进企业加强管理，把社会劳动的消耗控制在合理的限度内。再者，作为项目决策依据的定额指标，在更高的层次上促使项目投资者合理而有效地利用和分配社会劳动。这都证明了定额在工程建设中节约社会劳动和优化资源配置的作用。

(2)定额有利于建筑市场公平竞争。定额所提供的准确的信息为市场需求主体和供给主体之间的竞争，以及供给主体和供给主体之间的公平竞争，提供了有利条件。

(3)定额是对市场行为的规范。定额既是投资决策的依据，又是价格决策的依据。对于投资者来说，他可以利用定额权衡自己的财务状况和支付能力、预测资金投入和预期回报,还可以充分利用有关定额的大量信息,有效地提高其项目决策的科学性,优化其投资行为。对于承包商来说,企业在投标报价时,一方面考虑定额的构成,做出正确的价格决策,占据市场竞争优势,才能获得更多的工程合同。可见,定额在上述两个方面规范了市场的经济行为。

(4)工程建设定额有利于完善市场的信息系统。定额管理是对大量市场信息的加工,也是对市场大量信息进行传递,同时也是市场信息的反馈。信息是市场体系中不可缺少的要素,它的指导性、标准性和灵敏性是市场成熟和市场效率的标志。在我国以定额的形式建立和完善市场信息系统,是以公有制经济为主体的社会主义市场经济的特色。

1.3.1.2 工程定额的特性

1. 定额的科学性

工程定额的科学性包括两重含义:一重含义是指工程定额和生产力发展水平相适应,反映出工程建设中生产消费的客观规律。另一重含义是指工程定额管理在理论、方法和手段上适应现代科学技术和信息社会发展的需要。

工程定额的科学性,首先表现在用科学的态度制定定额,尊重客观实际,力求定额水平合理;其次表现在制定定额的技术方法上,利用现代科学管理的成就,形成一套系统的、完整的、在实践中行之有效的方法;再次,表现在定额制定和贯彻的一体化。制定定额是为了提供贯彻的依据,贯彻是为了实现管理的目标,也是对定额的信息反馈。

2. 定额的系统性

工程定额是相对独立的系统。它是由多种定额结合而成的有机整体。它的结构复杂、层次鲜明、目标明确。

工程定额的系统性是由工程建设的特点决定的。按照系统论的观点,工程建设就是庞大的实体系统。工程定额是为这个实体系统服务的。因而工程建设本身的多种类、多层次决定了以它为服务对象的工程定额的多种类、多层次。从整个国民经济来看,进行固定资产生产和再生产的工程建设,是一个有多项工程集合体的整体,其中包括农林水利、轻纺、机械、煤炭、电力、石油、冶金、化工、建材、交通运输、邮电工程,以及商业物资、科学教育文化、卫生体育、社会福利和住宅工程等。这些工程的建设又有严格的项目划分,如建设项目、单项工程、单位工程、分部分项工程;在计划和实施过程中有严密的逻辑阶段,如规划、可行性研究、设计、施工、竣工交付使用,以及投入使用后的维修。与此相适应必然形成工程定额的多种类、多层次。

3. 定额的统一性

工程定额的统一性,主要是由国家对经济发展的有计划的宏观调控职能决定的。为了使国民经济按照既定的目标发展,就需要借助于某些标准、定额、参数等,对工程建设进行规划、组织、调节、控制。

工程定额的统一性,从其影响力和执行范围来看,有全国统一定额、地区统一定额和行业统一定额等;从定额的制定、颁布和贯彻使用来看,有统一的程序、统一的原则、统一的要求和统一的用途。

我国工程定额的统一性和工程建设本身的巨大投入与巨大产出有关。它对国民经济的影响不仅表现在投资的总规模和全部建设项目的投资效益等方面,还表现在具体建设项目的投资数额及其投资效益方面。

4. 定额的指导性

随着我国建设市场的不断成熟和规范，工程定额尤其是统一定额原具备的指令性特点逐渐弱化，转而成为对整个建设市场和具体建设产品交易的指导作用。

工程定额的指导性的客观基础是定额的科学性。只有科学的定额才能正确地指导客观的交易行为。工程定额的指导性体现在两个方面：一方面，工程定额作为国家各地区和行业颁布的指导性依据，可以规范建设市场的交易行为，在具体的建设产品定价过程中也可以起到相应的参考性作用，同时统一定额还可以作为政府投资项目定价以及造价控制的重要依据；另一方面，在现行的工程量清单计价方式下，体现交易双方自主定价的特点，投标人报价的主要依据是企业定额，但企业定额的编制和完善仍然离不开统一定额的指导。

5. 定额的稳定性与时效性

工程定额中的任何一种都是一定时期技术发展和管理水平的反映，因而在一段时间内都表现出稳定的状态。稳定的时间有长有短，一般为 5 ~ 10 年。保持定额的稳定性是维护定额的指导性所必须的，更是有效地贯彻定额所必要的。如果某种定额处于经常修改变动之中，那么必然造成执行中的困难和混乱，很容易导致定额指导作用的丧失。工程定额的不稳定也会给定额的编制工作带来极大的困难。

但是工程定额的稳定性是相对的。当生产力向前发展时，定额就会与生产力不相适应。这样它原有的作用就会逐步减弱以致消失，需要重新编制或修订。

1.3.1.3 工程定额的作用

(1)定额是完成规定计量单位分项工程计价所需的人工、材料、施工机械台班的消耗量标准。

由于经济实体受各自的生产条件包括企业的工人素质、技术装备、管理水平、经济实力的影响，其完成某项特定工程所消耗的人力、物力和财力资源存在着差别。企业技术装备差、工人素质低、管理水平低的企业，在特定工程上消耗的活劳动和物化劳动多，凝结在工程中的个别价值就高；企业技术装备好、工人素质高、管理水平高的企业，在特定工程上消耗的活劳动和物化劳动少，凝结在工程中的个别价值就低。这个标准有利于鞭策落后，鼓励先进，对社会经济发展具有推动作用。

(2)定额是编制工程量计算规则、项目划分、计量单位的依据。

定额制定出以后，它的使用必须遵循一定的规则，在众多规则中，工程量计算规则是一项很重要的规则。而工程量计算规则的编制，必须依据定额进行。工程量计算规则的确定、项目划分、计量单位，以及计算方法都必须依据定额。

(3)定额是编制建安工程地区单位估价表的依据。

单位估价表是根据定额编制的建安工程费用计价的依据。建安工程地区单位估价表的编制过程就是根据定额规定消耗的各类资源（人、材、机）的消耗量乘以该地区基期资源价格，然后分类汇总的过程。人们在习惯上往往将"地区单位估价表"称为"地区定额"，如将"全国统一安装工程预算定额四川省估价表"称为"四川省安装工程预算定额"，可见单位估价表实质上是"量"和"价"结合的一种定额。

(4)定额是编制施工图预算、招标工程标底,以及确定工程造价的依据。

制定定额的主要目的就是计价。在我国处于计划经济时代时,施工图预算、招投标标底及投标报价书的编制,以及工程造价的确定,主要是依据工程所在地的单位估价表(定额的另一种形式)和行业定额来制定。

我国现阶段还处于市场经济的初期阶段,市场经济还不发达,许多有利于市场竞争的计价规则还有待于制定、完善和推广。因此,我国现阶段以及以后较长阶段内还将把定额计价作为主要计价模式之一。

(5)定额是编制投资估算指标的基础。

为一个拟建工程项目进行可行性研究的经济评价工作,其基础是该项工程的建设总投资和产品的工厂成本。因此,正确地估算总投资是一个重要的关键。建设项目投资估算的一种重要的方法是利用估算指标编制建设项目投资额。

估算指标是一种比概算指标更为扩大的单位工程指标或单项工程指标。编制方法是采用有代表性的单位或单项工程的实际资料,采用现行的概预算定额编制概预算,或收集有关工程的施工图预算或结算资料,经过修正、调整,反复综合平衡,以单项工程(装置、车间)或工段(区域、单位工程)为扩大单位,以“量”和“价”相结合的形式,用货币来反映活劳动和物化劳动。

(6)定额是企业进行投标报价和进行成本核算的基础。

投标报价的过程是一个计价、分析、平衡的过程。成本核算是一个计价、对比、分析、查找原因、制订实施措施的过程。投标报价和进行成本核算的一项重要工作就是计价,而计价的重要依据之一就是定额,所以定额是企业进行投标报价和成本核算的基础。

1.3.1.4 定额的分类

1.按生产要素分类

按生产要素可以将建设工程定额划分为劳动消耗定额、材料消耗定额和机械台班消耗定额。

使用的任一种概(预)算定额都包含这三种定额,也就是说,这三种定额是构成其他定额的基础,因此又统称这三种定额为基础定额。

2.按编制程序和用途分类

按定额的编制程序和用途可以把建设工程定额划分为施工定额、预算定额、概算定额、概算指标、估算指标五种。

3.按投资费用的性质分类

按投资费用的性质可以把建设工程定额划分为建筑工程定额、设备安装工程定额、建筑安装费用定额等。

4.按适用的专业分类

按定额适用的专业可以把建设工程定额划分为建筑工程定额、水利水电工程定额、公路工程定额、铁路工程定额等。

5.按主编单位和执行范围分类

按主编单位和执行范围可以把建设工程定额分为全国统一定额、行业统一定额、地区统一定额、企业定额、补充定额。

1)全国统一定额

全国统一定额是指一般由国家发展和改革委员会或授权其主管部门组织编制颁发，综合全国工程建设中技术和施工组织管理的情况编制，并在全国范围内执行的定额。

2)行业统一定额

行业统一定额是考虑到各行业部门专业工程技术特点，以及施工生产与管理水平编制的。一般只在本行业和相同专业性质的范围内使用。

3)地区统一定额

地区统一定额包括省、自治区、直辖市定额。地区统一定额主要是考虑地区特点和全国统一定额水平做适当调整和补充而编制的。

4)企业定额

企业定额是指施工企业考虑本企业具体情况，参照国家、部门或地区定额水平制定的定额。企业定额只在企业内部使用，是企业管理水平的一个标志。

5)补充定额

补充定额是指随着设计、施工技术的发展，现行定额不能满足需要的情况下，为了补充缺陷所编制的定额。补充定额只能在制定的范围内使用，可以作为以后修订定额的基础。

1.3.2　施工定额、预算定额、概算定额

1.3.2.1　施工定额

1. 施工定额的概念

施工定额是以同一性质的施工过程为测定对象，规定建筑安装工人或班组，在正常施工条件下完成单位合格产品所需的人工、材料和机械台班的数量标准。

施工定额是施工企业直接用于建筑工程施工管理的一种定额，是施工企业进行内部经济核算，控制工程成本与原材料消耗的依据。施工定额属于企业定额性质。

2. 施工定额的作用

(1)施工定额是编制施工组织设计，制订施工作业计划和人工、材料、机械台班需用量计划的依据。

(2)施工定额是编制施工预算，进行“两算”(施工图预算、施工预算)对比，加强企业成本管理的依据。

(3)施工定额是施工队向施工班组和工人签发施工任务书、限额领料单的依据。

(4)施工定额是实行计件、定额包工包料的依据。

(5)施工定额是考核工效，计算劳动报酬与奖励的依据。

(6)施工定额是班组开展劳动竞赛，进行班组核算的依据。

(7)施工定额是编制预算定额和单位估价表的基础。

3. 施工定额水平

施工定额水平以平均先进水平为基准，以保证定额的先进性和可行性。定额水平是指规定消耗在单位产品上的人力、材料和机械台班数量的多少。消耗量越少，说明定额水平越高；消耗量越多，说明定额水平越低。所谓平均先进水平，是指在正常的施工条件下，

大多数施工班组和大多数生产者经过努力可以达到和超过的水平。

4.施工定额的内容

1)劳动消耗定额

劳动消耗定额,简称劳动定额或人工定额。

劳动定额是指在一定的施工组织和施工条件下,为完成单位合格产品所必需的劳动消耗标准。劳动定额按其表现形式不同又分为时间定额和产量定额。

(1)时间定额。

时间定额也称为工时定额,是指在合理的劳动组织与一定的生产技术条件下,某种专业、某种技术等级的工人班组或个人,为完成单位合格产品所必须消耗的工作时间。定额时间包括准备时间与结束时间、基本生产时间、辅助生产时间、不可避免的中断时间及工人必需的休息时间。

时间定额的单位一般以“工日”“工时”表示,一个工日表示一个工人工作一个工作班,每个工日工作时间按现行制度为每个人8小时。其计算公式为

$$\text{单位产品时间定额(工日或工时)} = 1 \div \text{每工日或工时产量} \tag{1-1}$$

(2)产量定额。

产量定额是指在合理的劳动组织与一定的生产技术条件下,某种专业、某种技术等级的工人班组或个人,在单位时间内完成的合格产品数量。其计算公式为

$$\text{每工日或工时产量} = 1 \div \text{单位产品时间定额(工日或工时)} \tag{1-2}$$

时间定额和产量定额互为倒数,使用过程中两种形式可以任意选择。在一般情况下,生产过程中需要较长时间才能完成一件产品,则采用工时定额较为方便;若需要时间不长,或者在单位时间内产量很多,则采用产量定额较为方便。

劳动定额是根据国家的经济政策、劳动制度和有关技术文件及资料制定的,制定劳动定额常用经验估计法、统计分析法、比例类推法和技术测定法。

2)材料消耗定额

材料消耗定额是指在既节约又合理地使用材料的条件下,生产单位合格产品所必须消耗的材料数量,它包括合格产品上的净耗量以及在生产合格产品过程中的合理损耗量。前者是指用在合格产品上的实际数量;后者指材料从现场仓库里领出,到完成合格产品的过程中的合理损耗量,包括场内搬运的合理损耗、加工制作的合理损耗、施工操作的合理损耗等。基本建设中建筑材料的费用占建筑安装费用的30%~60%,因此节约而合理地使用材料具有重要意义。

材料消耗量包括材料净耗量和材料损耗量两部分,则

$$\text{材料消耗量} = \text{净耗量} + \text{损耗量} \tag{1-3}$$

材料损耗量一般用材料损耗率来计算。损耗率的计算公式为

$$\text{损耗率} = \frac{\text{损耗量}}{\text{材料消耗量}} \times 100\% \tag{1-4}$$

因此,材料消耗量可用下式计算:

$$\text{材料消耗量} = \frac{\text{净耗量}}{1 - \text{损耗率}} \tag{1-5}$$

材料的净耗量和损耗量通常采用现场观察法、实验室实验法、统计计算法和理论计算法等方法来确定。

建筑工程使用的材料可分为直接性消耗材料和周转性消耗材料。直接性消耗材料是指直接构成工程实体的材料，如砂石料、钢筋、水泥等材料的消耗量，包括材料的净用量及施工过程中不可避免的合理损耗量。周转性消耗材料是指在工程施工过程中，能多次使用、反复周转并不断补充的工具性材料、配件和用具等，如脚手架、模板等。

材料消耗定额是加强企业管理和经济核算的重要工具，是确定材料需用量和储备量的依据，是施工企业对施工班组实施限领料的依据，是减少材料积压、浪费，促进合理使用材料的重要方法。

3）机械台班消耗定额

机械台班消耗定额简称机械台班定额，是施工机械生产效率的反映。在合理使用机械和合理的施工组织条件下，完成单位合格产品所必须消耗的机械台班的数量标准，也称为机械台班使用定额。

机械台班消耗定额的数量单位，一般用"台班""台时"或"机组班"表示。一个台班就是指一台机械工作一个工作班，即按现行工作8小时。一个台时是指一台机械工作1小时。一个机组班表示一组机械工作一个工作班。

机械台班使用定额按其形式可分为机械时间定额和机械产量定额。

（1）机械时间定额。

机械时间定额就是在合理劳动组织和合理使用机械的正常施工条件下，由熟练工人或工人小组操纵施工机械，完成单位合格产品所必须消耗的工作时间，计量单位以"台班"或"台时"表示。

（2）机械产量定额。

机械产量定额就是在合理劳动组织和合理使用机械的正常施工条件下，机械在单位时间内应完成的合格产品的数量标准。计量单位以"m^3/台班""块/台班"等表示。

机械时间定额和机械产量定额互为倒数。

$$机械时间定额(台班)=\frac{1}{机械台班或产量定额} \tag{1-6}$$

1.3.2.2 预算定额

1.预算定额的概念

预算定额是指在正常施工条件下，完成一定计量单位的分项工程或结构构件所需消耗的人工、材料和机械台班的数量标准。

预算定额是工程建设中重要的技术经济文件，是由国家主管部门或授权机关组织编制、审批并颁布实施的。在现阶段，现行工程造价制度赋予了预算定额相应的权威性，是建设单位和施工企业建立经济关系的重要基础。

2.预算定额的水平

预算定额的水平是社会平均水平。

预算定额和施工定额都是综合性的定额，但预算定额比施工定额的内容更多一些。它不仅包括了施工定额中未包含的多种因素（现场材料的超运距、人工幅度差等），还包括了未完成该分项工程或结构构件的全部工序内容。

3. 预算定额的作用

(1)预算定额是编制施工组织设计时,确定劳动力、材料和施工机械需用量的依据。

(2)预算定额是施工图预算,确定工程造价的依据。

(3)预算定额是合理编制招标标底,进行投标报价的基础。

(4)预算定额是工程竣工结算的依据。

(5)预算定额是施工企业进行经济活动分析的依据。

(6)预算定额是编制概算定额的基础。

4. 预算定额与施工定额的关系

预算定额是以施工定额为基础的。但是,预算定额不能简单地套用施工定额,必须考虑到它比施工定额包含了更多的可变因素,需要保留一个合理的幅度差。此外,确定两种定额水平的原则是不相同的。预算定额是社会平均水平,而施工定额是平均先进水平。因此,确定预算定额时,水平要相对低一些,一般预算定额水平要低于施工定额5% ~7%。

预算定额比施工定额包含了更多的可变因素,这些因素有以下三种:

(1)确定劳动消耗指标需要考虑的因素。包括:①工序搭接的停歇时间;②机械的临时维修、小修、移动等所发生的不可避免的停工损失;③工程检查所需时间;④细小得难以测定的不可避免工序和零星用工所需时间等。

(2)确定机械台班消耗指标需要考虑的因素。包括:①机械与手工操作的工作配合中不可避免的停歇时间;②在工作班内机械变换位置所引起的难以避免的停歇时间和配套机械相互影响的损失时间;③机械临时性维修和小修引起的停歇时间;④机械的偶然性停歇,如临时停水、停电、工作不饱和等所引起的间歇;⑤工程质量检查影响机械工作损失的时间。

(3)确定材料消耗指标时,考虑由于材料质量不符合标准或材料数量不足,对材料耗用和加工费用的影响。这些不是由施工企业的原因造成的。

1.3.2.3 概算定额

1. 概算定额的概念

建筑工程概算定额也叫扩大结构定额,它规定了完成一定计量单位的扩大结构构件或扩大分项工程所需的人工、材料和机械台班的数量标准。

概算定额是以预算定额为基础,根据通用图和标准图等资料,经过适当扩大编制而成的。定额内容包括人工工日或工时、机械台班、主要材料用量。概算定额的编制原则、编制方法和预算定额基本相似,由于在可行性研究阶段及初步设计阶段,设计资料尚不如施工图设计阶段详细和准确,设计深度也有限,要求概算定额具有比预算定额更大的综合性,所包含的可变因素更多。因此,概算定额与预算定额之间允许有5%以内的幅度差。在水利工程中,从预算定额过渡到概算定额,一般采用的扩大系数为1.03~1.05。

2. 概算定额的作用

(1)它是编制初步设计、技术设计的设计概算和修正设计概算的依据。

(2)它是编制机械和材料需用计划的依据。

(3)它是进行设计方案经济比较的依据。

(4)它是编制投资估算指标的基础。

3. 概算定额的内容

概算定额一般由目录、总说明、工程量计算规则、分部工程说明或章节说明、有关附录表等组成。

在总说明中主要阐明编制依据、使用范围、定额的作用及有关统一规定等。在分部工程说明中主要阐述有关工程量计算规则及本分部工程的有关规定等。在概算定额表中，分节定额的表头部分列有本节定额的工作内容及计量单位，表格中列有定额项目的人工、材料和机械台班消耗量指标。

1.3.2.4 定额的应用

应用定额时必须熟悉定额的总说明、章节说明，了解定额的项目划分、适用范围、有关工程量计算规则及有关统一规定等。同时要遵循以下几点原则。

1. 专业对口原则

水利水电工程除水工建筑物和水利水电设备外，一般还有房屋建筑、公路、铁路、输电线路、通信线路等永久性设施。水工建筑物和水利水电设备的安装应采用水利、电力主管部门颁发的定额。其他永久性工程应分别采用所属主管部门颁发的定额。

2. 设计阶段对口原则

可研阶段编制投资估算应采用估算指标，初设阶段编制应采用概算定额，施工图设计阶段编制施工图预算应采用预算定额。当因本阶段定额缺项，须采用下一阶段定额时，应按规定乘以相应系数。按现行规定，采用概算定额编制投资估算时应乘以系数1.10，采用预算定额编制概算时应乘以系数1.03～1.05。

3. 工程定额与费用定额配套使用

在计算各类永久性设施工程时，采用的工程定额除应执行专业对口的原则外，其费用定额也应遵照专业对口的原则，与工程定额相适应。

思考题

1. 基本建设的特点是什么？
2. 什么叫基本建设程序？水利水电建设的基本程序是什么？
3. 水利水电基本建设工程造价计算的种类有哪些？
4. 水利水电工程造价的计价特征是什么？
5. 工程定额的概念是什么？
6. 工程定额的特点和作用是什么？
7. 简述定额的分类。
8. 施工定额、预算定额、概算定额的定义和具体内容、编制依据和方法各是什么？

项目2 水利水电工程概预算项目划分

本项目重点

1. 熟悉基本项目划分方法。
2. 掌握水利水电工程概预算项目划分方法。

任务2.1 工程项目划分概述

2.1.1 基本建设项目划分

2.1.1.1 基本建设项目

基本建设项目是指在行政上有独立的组织形式,在经济上实行独立核算,由一个或几个单项工程组成,按照一个总体设计进行施工的建设单位。一般以一个企业或联合企业单位、事业单位或独立工程作为一个建设项目,如独立的工厂、矿山、水库、水电站、港口、灌区工程等。凡属于一个总体设计中的主体工程和相应的附属配套工程、综合利用工程、环境保护工程、水土保持工程、供水工程、供电工程以及水库的干渠配套工程等,作为一个建设项目。企业、事业单位按照规定用基本建设投资单纯购买设备、工具、器具,如车、船、勘探设备、施工机械等,虽然属于基本建设范围,但不作为基本建设项目。

2.1.1.2 基本建设项目划分

每一个工程项目的建设都需要按业主的特定需要单独设计、单独施工,不能批量生产和按其他项目确定工程造价。为了能准确地计算出工程造价,必须把建设项目的组成科学地分解为简单的、便于计算的基本构成单位。用汇总这些基本构成单位造价的办法,来求出该工程的总造价。

根据我国现行有关规定,建设项目一般分解为若干个单项工程、单位工程、分部工程、分项工程等。

建设项目又叫基本建设项目或投资项目,是指行政上具有独立的组织形式,经济上进行独立的核算,经过批准按照总体设计进行施工的建设实体。例如,一所学校、一个工厂、一所医院、一个度假村、一家酒店等。它一般由一个或几个单项工程组成。

1. 单项工程

单项工程又叫工程项目,是建设项目的组成部分,是指在一个建设项目中,具有独立设计文件、能够独立施工、竣工后可以独立发挥生产能力或使用效益的工程。例如,某企业的办公大楼、住宅楼，某学校的教学楼、学生宿舍楼，某工厂的各个车间、礼堂等。

2. 单位工程

单位工程是单项工程的组成部分，是指具有独立的设计文件，可以独立组织施工，但竣工后一般不能独立发挥生产能力或使用效益的工程。例如，一栋办公大楼的土建工程、建筑装饰装修工程、给排水工程、采暖通风工程、煤气管道工程、电气照明工程都可以是一个单位工程。

3. 分部工程

分部工程是单项工程的组成部分，一般是按单位工程的各个部位、主要结构、使用材料或施工方法等的不同而划分的工程。例如，土建工程可以划分为土石方、桩基础、砌筑、混凝土及钢筋混凝土、屋面及防水、金属结构制作及安装、构件运输及预制构件安装、脚手架、垂直运输、楼地面、门窗及木结构、装饰、防腐保温隔热等分部工程；电气照明工程可划分为配管安装、穿线配线安装、灯具安装等分部工程；装饰装修工程可划分为楼地面、墙柱面、天棚、门窗、油漆涂料、脚手架及其他分部工程。

4. 分项工程

分项工程是分部工程的组成部分，一般是按选用的施工方法、所使用的材料、结构构件的规格等因素划分的，用较为简单的施工过程就能完成的，以适当的计量单位就可以计算工料消耗的最基本的构成单位。例如，砌筑分部工程的砖基础、砖墙、砖柱，混凝土分部工程的现浇混凝土基础、梁、板、柱，楼地面分部工程的大理石楼底地面面层、花岗岩楼地面面层、大理石楼梯面层等。

综上所述，一个建设项目是由一个或几个单项工程组成的，一个单项工程是由一个或几个单位工程组成的，一个单位工程可划分为若干个分部工程，一个分部工程又可划分为许多分项工程。建设项目分解示意图如图2-1所示。

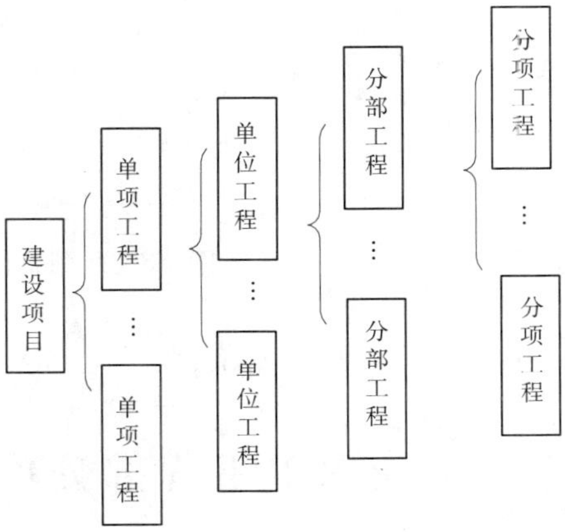

图2-1 建设项目分解示意图

2.1.2 水利水电工程分类和工程概算组成

由于水利水电工程是个复杂的建筑群体，同其他工程相比，包含的建筑群体种类多，涉及面广。例如，大中型水电工程拦河坝（闸）、主副厂房外，还有变电站、开关站、引水系统、输水系统、泄洪设施、过坝建筑、输变电线路、公路、铁路、桥涵、码头、通信系统、给排水系统、供风系统、制冷设施、附属辅助建筑、文化福利建筑等，难以严格按单项工程、单位工程、分部工程和分项工程确切划分。因此，对于水利水电基本建设项目有专门的项目划分规定。

2.1.2.1 工程分类

水利工程按工程性质划分为三大类，具体划分如图 2-2 所示。

大型泵站、大型拦河水闸的工程等级划分标准参见附录 1。

灌溉工程(1)指设计流量≥5 m^3/s 的灌溉工程（工程等级标准参见附录 1），灌溉工程(2)指设计流量 <5 m^3/s 的灌溉工程和田间工程。

2.1.2.2 水利工程概算项目划分

水利工程概算项目划分为工程部分、建设征地移民补偿、环境保护工程、水土保持工程四部分。具体划分如图 2-3 所示。

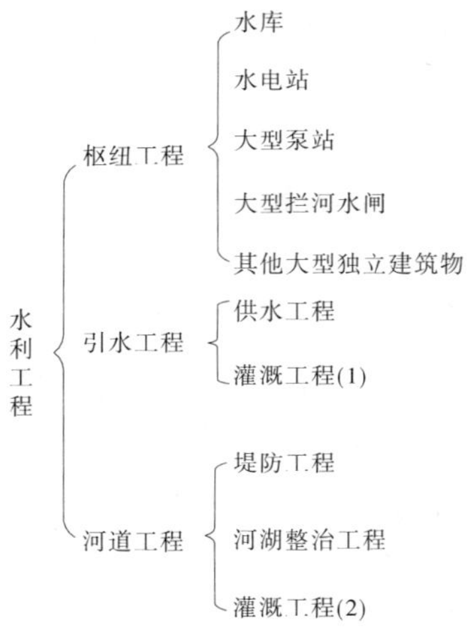

图 2-2 水利工程分类

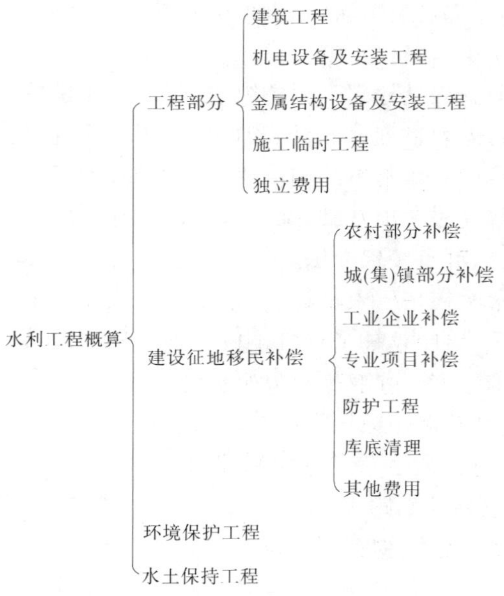

图 2-3 水利工程概算项目划分

各部分概算下设一级项目、二级项目、三级项目。

任务 2.2 水利水电工程部分项目组成

2.2.1 建筑工程

2.2.1.1 枢纽工程

枢纽工程指水利枢纽建筑物、大型泵站、大型拦河水闸和其他大型独立建筑物（含引水工程的水源工程）。包括挡水工程、泄洪工程、引水工程、发电厂（泵站）工程、升压变电站工程、航运工程、鱼道工程、交通工程、房屋建筑工程、供电设施工程和其他建筑工程。其中,挡水工程等前七项为主体建筑工程。

(1)挡水工程。包括挡水的各类坝(闸)工程。

(2)泄洪工程。包括溢洪道、泄洪洞、冲沙孔(洞)、放空洞、泄洪闸等工程。

(3)引水工程。包括发电引水明渠、进水口、隧洞、调压井、高压管道等工程。

(4)发电厂(泵站)工程。包括地面、地下各类发电厂(泵站)等工程。

(5)升压变电站工程。包括升压变电站、开关站等工程。

(6)航运工程。包括上下游引航道、船闸、升船机等工程。

(7)鱼道工程。根据枢纽建筑物布置情况,可独立列项。与拦河坝相结合的,也可作为拦河坝工程的组成部分。

(8)交通工程。包括上坝、进厂、对外等场内外永久公路,以及桥梁、交通隧洞、铁路、码头等工程。

(9)房屋建筑工程。包括为生产运行服务的永久性辅助生产建筑、仓库、办公、值班宿舍及文化福利建筑等房屋建筑工程和室外工程。

(10)供电设施工程。指工程生产运行供电需要架设的输电线路及变配电设施工程。

(11)其他建筑工程。包括安全监测设施工程,照明线路,通信线路,厂坝(闸、泵站)区供水、供热、排水等公用设施,劳动安全与工业卫生设施,水文、泥沙监测设施工程,水情自动测报系统工程及其他。

2.2.1.2 引水工程

引水工程指供水工程、调水工程和灌溉工程(1)。包括渠(管)道工程、建筑物工程、交通工程、房屋建筑工程、供电设施工程和其他建筑工程。

(1)渠(管)道工程。包括明渠、输水管道工程,以及渠(管)道附属小型建筑物(如观测测量设施、调压减压设施、检修设施)等。

(2)建筑物工程。指渠系建筑物、交叉建筑物工程,包括泵站、水闸、渡槽、隧洞、箱涵(暗渠)、倒虹吸、跌水、动能回收电站、调蓄水库、排水涵(槽)、公路(铁路)交叉(穿越)建筑物等。建筑物类别根据工程设计确定,工程规模较大的建筑物可以作为一级项目单独列示。

(3)交通工程。指永久性对外公路、运行管理维护道路等工程。

(4)房屋建筑工程。包括为生产运行服务的永久性辅助生产建筑、仓库、办公用房、值班宿舍及文化福利建筑等房屋建筑工程和室外工程。

(5)供电设施工程。指工程生产运行供电需要架设的输电线路及变配电设施工程。

(6)其他建筑工程。包括安全监测设施工程,照明线路,通信线路,厂坝(闸、泵站)区供水、供热、排水等公用设施工程,劳动安全与工业卫生设施,水文、泥沙监测设施工程,水情自动测报系统工程及其他。

2.2.1.3 河道工程

河道工程指堤防修建与加固工程、河湖整治工程及灌溉工程(2)。包括河湖整治与堤防工程、灌溉及田间渠(管)道工程、建筑物工程、交通工程、房屋建筑工程、供电设施工程和其他建筑工程。

(1)河湖整治与堤防工程。包括堤防工程、河道整治工程、清淤疏浚工程等。

(2)灌溉及田间渠(管)道工程。包括明渠、输配水管道、排水沟(渠、管)工程、渠(管)道附属小型建筑物(如观测测量设施、调压减压设施、检修设施)、田间土地平整等。

(3)建筑物工程。包括水闸、泵站工程,田间工程机井、灌溉塘坝工程等。

(4)交通工程。指永久性对外公路、运行管理维护道路等工程。

(5)房屋建筑工程。包括为生产运行服务的永久性辅助生产建筑、仓库、办公用房、值班宿舍及文化福利建筑等房屋建筑工程和室外工程。

(6)供电设施工程。指工程生产运行供电需要架设的输电线路及变配电设施工程。

(7)其他建筑工程。包括安全监测设施工程,照明线路,通信线路,厂坝(闸、泵站)区供水、供热、排水等公用设施工程,劳动安全与工业卫生设施,水文、泥沙监测设施工程及其他。

2.2.2 机电设备及安装工程

2.2.2.1 枢纽工程

枢纽工程指构成枢纽工程固定资产的全部机电设备及安装工程。由发电设备及安装工程、升压变电设备及安装工程和公用设备及安装工程三项组成。大型泵站和大型拦河水闸的机电设备及安装工程项目划分,参考引水工程及河道工程划分方法。

(1)发电设备及安装工程。包括水轮机、发电机、主阀、起重机、水力机械辅助设备、电气设备等设备及安装工程。

(2)升压变电设备及安装工程。包括主变压器、高压电气设备、一次拉线等设备及安装工程。

(3)公用设备及安装工程。包括通信设备、通风采暖设备、机修设备、计算机监控系统、工业电视系统、管理自动化系统、全厂接地及保护网,电梯,坝区馈电设备,厂坝区供水、排水、供热设备,水文、泥沙监测设备,水情自动测报系统设备,视频安防监控设备,安全监测设备,消防设备,劳动安全与工业卫生设备,交通设备等设备及安装工程。

2.2.2.2 引水工程及河道工程

引水工程及河道工程指构成该工程固定资产的全部机电设备及安装工程。一般由泵站设备及安装工程、水闸设备及安装工程、电站设备及安装工程、供变电设备及安装工程和公用设备及安装工程五项组成。

(1)泵站设备及安装工程。包括水泵、电动机、主阀、起重设备、水力机械辅助设备、电气设备等设备及安装工程。

(2)水闸设备及安装工程。包括电气一次设备及电气二次设备及安装工程。

(3)电站设备及安装工程。其组成内容可参照枢纽工程的发电设备及安装工程和升压变电设备及安装工程。

(4)供变电设备及安装工程。包括供电、变配电设备及安装工程。

(5)公用设备及安装工程。包括通信设备、通风采暖设备、机修设备、计算机监控系统、工业电视系统、管理自动化系统、全厂接地及保护网,厂坝(闸、泵站)区供水、排水、供热设备,水文、泥沙监测设备,水情自动测报系统设备,视频安防监控设备,安全监测设备,消防设备，劳动安全与工业卫生设备，交通设备等设备及安装工程。

灌溉田间工程还包括首部设备及安装工程、田间灌水设施及安装工程等。

(1)首部设备及安装工程。包括过滤、施肥、控制调节、计量等设备及安装工程等。

(2)田间灌水设施及安装工程。包括田间喷灌、微灌等全部灌水设施及安装工程。

2.2.3 金属结构设备及安装工程

金属结构设备及安装工程指构成枢纽工程、引水工程和河道工程固定资产的全部金属结构设备及安装工程。包括闸门、启闭机、拦污设备、升船机等设备及安装工程，水电站(泵站等)压力钢管制作及安装工程和其他金属结构设备及安装工程。

金属结构设备及安装工程的一级项目应与建筑工程的一级项目相对应。

2.2.4 施工临时工程

施工临时工程指为辅助主体工程施工所必须修建的生产和生活用临时性工程。本部分组成内容如下：

(1)导流工程。包括导流明渠、导流洞、施工围堰、蓄水期下游断流补偿设施、金属结构设备及安装工程等。

(2)施工交通工程。包括施工现场内外为工程建设服务的临时交通工程，如公路、铁路、桥梁、施工支洞、码头、转运站等。

(3)施工场外供电工程。包括从现有电网向施工现场供电的高压输电线路(枢纽工程35 kV及以上等级，引水工程、河道工程10 kV及以上等级，掘进机施工专用供电线路)、施工变(配)电设施设备(场内除外)工程。

(4)施工房屋建筑工程。指工程在建设过程中建造的临时房屋，包括施工仓库，办公和生活、文化福利建筑及所需的配套设施工程。

(5)其他施工临时工程。指除施工导流、施工交通、施工场外供电、施工房屋建筑、缆机平台、掘进机泥水处理系统和管片预制系统土建设施以外的施工临时工程。主要包括施工供水(大型泵房及干管)、砂石料系统、混凝土拌和浇筑系统、大型机械安装拆卸、防汛、防冰、施工排水、施工通信等工程。

根据工程实际情况可单独列示缆机平台、掘进机泥水处理系统和管片预制系统土建设施等项目。

施工排水是指基坑排水、河道降水等，包括排水工程建设及运行费。

2.2.5 独立费用

独立费用由建设管理费、工程建设监理费、联合试运转费、生产准备费、科研勘测设计费和其他等六项组成。

(1)建设管理费。指建设单位在工程项目筹建和建设期间进行管理工作所需的费用。包括建设单位开办费、建设单位人员费、项目管理费三项。

(2)工程建设监理费。指建设单位在工程建设过程中委托监理单位，对工程建设的质量、进度、安全和投资进行监理所发生的全部费用。

(3)联合试运转费。指水利工程的发电机组、水泵等安装完毕,在竣工验收前,进行整套设备带负荷联合试运转期间所需的各项费用。主要包括联合试运转期间所消耗的燃料、动力、材料及机械使用费,工具用具购置费,施工单位参加联合试运转人员的工资等。

(4)生产准备费。指水利建设项目的生产、管理单位为准备正常的生产运行或管理发生的费用。包括生产及管理单位提前进厂费、生产职工培训费、管理用具购置费、备品备件购置费和工器具及生产家具购置费。

(5)科研勘测设计费。指工程建设所需的科研、勘测和设计等费用。包括工程科学研究试验费和工程勘测设计费。

(6)其他。包括工程保险费、其他税费。

项目组成详见附录2。

思考题

1. 什么是基本建设项目?简述基本建设项目的组成。
2. 水利水电工程按工程性质可分为哪几部分?
3. 简述水利水电工程概算项目的划分。
4. 简述水利水电建筑工程的分类。
5. 简述施工临时工程的组成。

项目 3　编制基础单价

本项目重点

1. 掌握人工预算单价编制方法。
2. 掌握材料预算价格编制方法。
3. 掌握施工机械台时费编制方法。
4. 熟悉电、风、水单价编制方法。
5. 掌握砂石料单价编制方法。
6. 掌握混凝土、砂浆单价编制方法。

基础单价是编制工程单价的基本要素之一，也是编制工程概预算的最基本资料，主要包括人工预算单价，材料预算价格，电、风、水预算价格，施工机械台时费，砂石料单价等。

任务 3.1　编制人工预算单价

人工预算单价是在编制概预算中计算各种生产工人人工费时所采用的人工费单价，是计算建筑安装工程人工费的基础单价和施工机械费中人工费的基础单价。根据现行规定，人工预算单价划分为工长、高级工、中级工、初级工四个档次。

3.1.1　人工预算单价的组成

人工费指直接从事建筑安装工程施工的生产工人开支的各项费用，内容包括基本工资和辅助工资。

3.1.1.1　基本工资

基本工资由岗位工资和年应工作天数内非作业天数的工资组成。

(1)岗位工资。指按照职工所在岗位各项劳动要素测评结果确定的工资。

(2)生产工人年应工作天数以内非作业天数的工资。包括生产工人开会学习、培训期间的工资，调动工作、探亲、休假期间的工资，因气候影响的停工工资，女工哺乳期间的工资，病假在六个月以内的工资及产、婚、丧假期的工资。

3.1.1.2　辅助工资

辅助工资指在基本工资之外，以其他形式支付给生产工人的工资性收入，包括根据国家有关规定属于工资性质的各种津贴，主要包括艰苦边远地区津贴、施工津贴、夜餐津贴、节假日加班津贴等。

3.1.2 人工预算单价计算

根据水利部〔2014〕429 号文颁布的《水利工程设计概(估)算编制规定》(以下简称《编规》),人工预算单价应根据水利工程的性质、工程所在地区的工资区类别及生产工人的等级,按《编规》中规定的人工预算单价计算标准(见表 3-1)查算,详见附录 3。

表 3-1 人工预算单价计算标准 (单位:元/工时)

类别与等级	一般地区	一类区	二类区	三类区	四类区	五类区 西藏二类区	六类区 西藏三类区	西藏四类区
枢纽工程								
工长	11.55	11.80	11.98	12.26	12.76	13.61	14.63	15.40
高级工	10.67	10.92	11.09	11.38	11.88	12.73	13.74	14.51
中级工	8.90	9.15	9.33	9.62	10.12	10.96	11.98	12.75
初级工	6.13	6.38	6.55	6.84	7.34	8.19	9.21	9.98
引水工程								
工长	9.27	9.47	9.61	9.84	10.24	10.92	11.73	12.11
高级工	8.57	8.77	8.91	9.14	9.54	10.21	11.03	11.40
中级工	6.62	6.82	6.96	7.19	7.59	8.26	9.08	9.45
初级工	4.64	4.84	4.98	5.21	5.61	6.29	7.10	7.47
河道工程								
工长	8.02	8.19	8.31	8.52	8.86	9.46	10.17	10.49
高级工	7.40	7.57	7.70	7.90	8.25	8.84	9.55	9.88
中级工	6.16	6.33	6.46	6.66	7.01	7.60	8.31	8.63
初级工	4.26	4.43	4.55	4.76	5.10	5.70	6.41	6.73

查用人工预算单价时必须注意:

(1)艰苦边远地区划分执行人事部、财政部《关于印发〈完善艰苦边远地区津贴制度实施方案〉的通知》(国人部发〔2006〕61 号)及各省(自治区、直辖市)关于艰苦边远地区津贴制度实施意见。一至六类区的类别划分参见附录 4,执行时应根据最新文件进行调整。一般地区指附录 4 所述之外的地区。

(2)西藏地区的类别执行西藏特殊津贴制度相关文件规定,其二至四类划分的具体内容见附录 5。

(3)跨地区建设项目的人工预算单价可按主要建筑物所在地确定,也可按工程规模或投资比例进行综合确定。

【例 3-1】 试计算重庆市武隆县某引水工程中级工的人工预算单价。

解:查附录4可知,重庆市武隆区属于一类区,该工程属于引水工程,查表3-1可知,中级工人工预算单价为6.82元/工时。人工预算单价计算表如表3-2所示。

表3-2　人工预算单价计算表

艰苦边远地区类别		一般地区	定额人工等级	中级工
序号	项目	计算式		单价(元)
1	人工工时预算单价			6.82
2	人工工日预算单价	6.82×8		54.56

任务3.2　编制材料预算价格

材料费是建筑安装工程费的重要组成部分,而材料预算价格则是编制建筑安装工程单价中材料费的基础单价。在工程建设过程中,直接为生产某建筑工程而耗用的原材料、半成品、成品、零件等统称为材料。材料是建筑安装工人加工和施工的劳动对象,包括直接消耗在工程中的消耗性材料、构成工程实体的装置性材料和在施工中可重复使用的周转性材料。

3.2.1　主要材料与次要材料的划分

水利水电工程建设中所使用的材料品种繁多,规格各异,在编制材料预算价格时没必要也不可能逐一详细计算,而是按其用量的多少以及对工程投资的影响程度,将材料划分为主要材料和次要材料。

3.2.1.1　主要材料

主要材料是指在施工中用量大、对工程投资影响大的材料。编制材料预算价格时,应对主要材料逐一详细计算其材料预算价格。

水利水电工程常用的主要材料一般有以下几种:

(1)木材。包括原木、板枋材等。

(2)钢材。包括各种钢筋、钢绞线、钢板、工字钢、槽钢、角钢、扁钢、钢管、钢轨等。

(3)水泥。包括硅酸盐水泥、普通硅酸盐水泥、矿渣硅酸盐水泥、火山灰质硅酸盐水泥、粉煤灰硅酸盐水泥及一些特殊性能的水泥。

(4)油料。包括汽油、柴油。

(5)火工产品。包括炸药(起爆炸药、单质锰炸药、混合锰炸药),雷管(火雷管、电雷管、延期雷管、毫秒雷管),导电线或导火线(导火索、纱包线、导爆索等)。

(6)电缆及母线。

(7)粉煤灰。

(8)砂石料。指砂、碎(卵)石、块石等当地建筑材料,是建筑工程中混凝土、反滤层、堆砌石和灌浆等结构物的主要建筑材料。由于水利水电工程砂石料需要量较大,一般自行开采,其材料预算价格将在砂石料单价部分做专门介绍。

3.2.1.2 次要材料

次要材料又称其他材料，是指施工中用量少、对工程投资影响较小的除主要材料外的其他材料。编制材料预算价格时，对次要材料可采用简化的方法进行计算。

次要材料一般包括电焊条、铁钉、铁件等。

次要材料是相对于主要材料而言的，两者之间并没有严格的界限，要根据工程对某种材料用量的多少及其在工程投资中的比重来确定。如大量采用沥青混凝土防渗的工程，可将沥青视为主要材料；而对于石方开挖量很小的工程，则炸药可不作为主要材料。

3.2.2 主要材料预算价格的组成

根据《编规》，对于用量多、影响工程投资大的主要材料，如钢材、木材、水泥、粉煤灰、油料、火工产品、电缆及母线等，一般需编制材料预算价格。

材料预算价格一般包括材料原价、运杂费、运输保险费和采购及保管费四项。

(1)材料原价。指材料指定交货地点的价格。

(2)运杂费。指材料从指定交货地点至工地分仓库或相当于工地分仓库(材料堆放场)所发生的全部费用。包括运输费、装卸费及其他杂费。

(3)运输保险费。指材料在运输途中的保险费。

(4)采购及保管费。指材料在采购、供应和保管过程中所发生的各项费用。主要包括材料的采购、供应和保管部门工作人员的基本工资、辅助工资、职工福利费、劳动保护费、养老保险费、失业保险费、医疗保险费、工伤保险费、生育保险费、住房公积金、教育经费、办公费、差旅交通费及工具用具使用费；仓库、转运站等设施的检修费、固定资产折旧费、技术安全措施费；材料在运输、保管过程中发生的损耗等。

3.2.3 主要材料预算价格的编制

材料预算价格的计算公式为

$$\text{材料预算价格} = (\text{材料原价} + \text{运杂费}) \times (1 + \text{采购及保管费率}) + \text{运输保险费} \tag{3-1}$$

根据现行《编规》，主要材料预算价格汇总见表 3-3。

表 3-3 主要材料预算价格汇总

序号	名称及规格	单位	预算价格(元)	其中			
				原价	运杂费	运输保险费	采购及保管费

3.2.3.1 材料原价

材料原价是指在指定交货地点的价格。按工程所在地区就近大型物资供应公司、材料交易中心的市场成交价或设计选定的生产厂家的出厂价计算。一般，水利水电工程的主要材料的材料原价可按下述方法确定。

(1)水泥。由生产企业根据生产成本和市场供求情况自主定价,一般采用市场价。袋装水泥的包装费按规定计入原价,不计回收,不计押金。如设计采用早强水泥,可按设计确定的比例计入。在可行性研究阶段编制投资估算时,水泥原价可统一按袋装水泥价格计算。

(2)木材。凡工程所需木材可由林区贮木场直供的,原则上均应执行设计所选定的贮木场的大宗市场批发价;由工程所在地区木材公司供应的,执行地区木材公司规定的大宗市场批发价。

确定木材原价的代表规格,按二类(杉木)、三类(松木)树种各50%,Ⅰ、Ⅱ等材各占50%考虑,长度按2.0~3.8 m,径级按Φ20~28 cm,锯材按中板中枋,杉木径级根据设计由贮木场供应情况确定。

(3)油料。汽油、柴油的原价全部按工程所在地区石油公司的批发价计算。汽油代表规格为93#,柴油代表规格按工程所在地区气温条件确定。其中,Ⅰ类气温区0#柴油比例占75%~100%,-10#~-20#柴油比例占0~25%;Ⅱ类气温区0#柴油比例占55%~65%,-10#~-20#柴油比例占35%~45%;Ⅲ类气温区0#柴油比例占40%~55%,-10#~-20#柴油比例占45%~60%。Ⅰ类气温区包括广东、广西、云南、贵州、四川、江苏、湖南、浙江、湖北、安徽;Ⅱ类气温区包括河南、河北、山西、山东、陕西、甘肃、宁夏、内蒙古;Ⅲ类气温区包括青海、新疆、西藏、辽宁、吉林、黑龙江。

(4)炸药。按国家及地方有关规定计算其价格。代表规格按2#铵梯炸药,4#铵梯炸药,1~9 kg/包,一般石方明挖用2#岩石铵梯炸药,洞挖用4#抗水岩石铵梯炸药,边坡、坑槽、基础石方开挖用2#岩石铵梯炸药与4#抗水岩石铵梯炸药各半作为代表规格。

(5)钢材。包括钢筋、钢板及型钢,按市场价计算。钢筋代表规格采用碳素结构钢直径为16~18 mm,低合金钢采用20MnSi直径为20~25 mm,二者比例由设计确定。如果设计提供品种规格有困难,钢筋可采用普通A3光面钢筋Φ16~18 mm占70%的比例、低合金钢20MnSi Φ20~25 mm占30%的比例进行计算。各种型钢、钢板的代表规格、型号和比例,根据设计要求确定。

上述5种建筑材料是水利水电工程概预算编制中一般必须编制预算价格的主要材料,在具体工程中须根据工程项目进行增删。

3.2.3.2 运杂费

运杂费是指材料由产地或交货地点运到工地分仓库或相当于工地分仓库(材料堆放场)所发生的全部费用。包括运输费、装卸费及其他杂费。

在编制材料预算价格时,应详细收集工程所在地区及有关部门的运杂费价格资料,按施工组织设计所选定的材料来源、运输流程(运输方式、运输工具、运输线路和运输里程)以及交通部门规定的取费标准或市场价,计算材料的运杂费。特殊材料或部件运输,要考虑特殊措施费、改造路面和桥梁等费用。

铁路运杂费,按现行的《铁路货物运价规则》及有关规定计算其运杂费。

公路和水路运杂费,按工程所在省(自治区、直辖市)交通部门现行规定或市场价计算。

在计算材料运费时,应注意以下几点:

(1)编制材料预算价格时,应先绘制运输流程示意图,避免在计算中发生遗漏和重复。

(2)确定运量比例。一个工程若有两种以上的对外交通方式,要确定各运输方式在工程材料运输中所占的比例。若采用铁路专线,在施工初期往往不能通车,要采用公路等其他方式。因此,在确定运量比例时,应充分重视施工初期的运输方式。

(3)整车与零担比。整车与零担比是指火车运输中整车和零担货物的比例,又叫整零比。汽车运输不考虑整零比。在铁路运输方式中,要确定每一种材料运输中的整车与零担比例,据以计算其运费。其比例主要视工程规模大小决定。工程规模大,由厂家直供的份额多,批量就大,整车比例就高。

整车运价较零担便宜,材料运费的计算中,应以整车运输为主。根据已建大中型水利水电工程的实际情况,水泥、木材、炸药、汽油和柴油等可以全部按整车计算;钢材可考虑一部分零担,其比例,大型水利水电工程可按10% ~20%、中型工程可按20% ~30%选取,如有实际资料,应按实际资料选取。

整零比在实际计算时多以整车或零担所占百分率表示。计算时,按整车和零担所占的百分率加权平均计算运价。计算公式为

$$实际运价 = 整车运价 \times 整车量(\%) + 零担运价 \times 零担量(\%) \tag{3-2}$$

(4)装载系数。材料实际运输时,因批量运输可能装不满一辆车而不能满载;或虽已满载,但由于材料重度小,而其运输量达不到车皮的标记吨位;或为保证行车安全,对炸药类危险品不允许满载。这就存在实际运输质量与车辆标记质量不同的问题,部门在整车运输时按标重收费,若超过标重按实际质量计算费用。因此,交通运输应考虑装载系数。

$$装载系数\ K = 实际运输质量 \div 运输车辆标记质量 \tag{3-3}$$

只有火车整车运输钢材、木材等时,才考虑装载系数,表3-4供计算时参考。考虑装载系数后的实际运价计算式为

$$实际运价 = 规定运价 \div 装载系数 \tag{3-4}$$

表3-4 火车整车运输装载系数

序号	材料名称		单位	装载系数
1	水泥、油料		t/车皮 t	1.00
2	木材		m^3/车皮 t	0.90
3	钢材	大型工程	t/车皮 t	0.90
4		中型工程	t/车皮 t	0.80 ~0.85
5	炸药		t/车皮 t	0.65 ~0.70

(5)毛重系数。材料毛重指包括包装品重量的材料运输重量。运输部门不是以物资的实际重量计算运费,而是按毛重计算运费的,所以材料运输费中要考虑材料的毛重系数。

$$毛重系数 = 毛重 \div 净重 = (材料实际重量 + 包装品重量) \div 材料实际重量 \tag{3-5}$$

水泥、钢材、油料的单位毛重与材料单位质量基本一致;木材的单位质量与材质有关,

一般为0.6~0.8 t/m^3，毛重系数为1.0；炸药的毛重系数为1.17；油料自备油桶运输时其毛重系数：汽油为1.15，柴油为1.14。

(6)铁路运输按现行的《铁路货物运价规则》，根据货物运价号、运输里程、运价率及有关规定计算运杂费；公路和水路运输按工厂所在省(自治区、直辖市)交通部门的现行规定计算。

(7)铁路运价的计算。综合考虑以上因素，铁路运价可按下式计算：

$$铁路运价 = 整车规定运价 \div 装载系数 \times 毛重系数 \times 整车比例 + 零担规定运价 \times 毛重系数 \times 零担比例 \tag{3-6}$$

3.2.3.3　材料运输保险费

材料运输保险费按工程所在省(自治区、直辖市)或中国人民保险公司的有关规定计算。

材料运输保险费的计算公式为

$$材料运输保险费 = 材料原价 \times 材料运输保险费率 \tag{3-7}$$

3.2.3.4　材料采购及保管费

材料采购及保管费以材料运到工地仓库的价格(不包括运输保险费)作为计算基数。

材料采购及保管费是指建设单位和施工单位的材料供应部门在组织材料的采购、运输保管和供应过程中所发生的各项费用。采购及保管费计算公式为

$$材料采购及保管费 = (材料原价 + 运杂费) \times 采购及保管费率 \tag{3-8}$$

采购及保管费率根据现行《编规》执行，见表3-5。

表3-5　采购及保管费率表

序号	材料名称	费率(%)
1	水泥、碎(砾)石、砂	3
2	钢材	2
3	油料	2
4	其他材料	2.5

【例3-2】　某水泥厂供应强度等级为32.5的普通硅酸盐水泥，袋装30%，散装70%。运输流程如下：

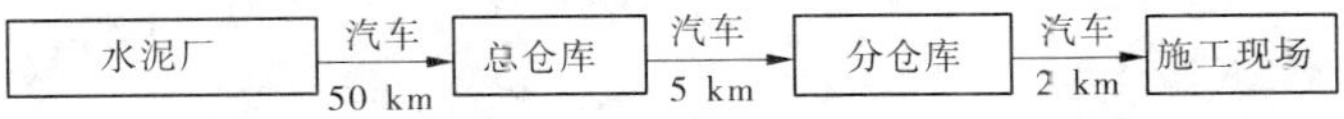

(1)水泥出厂价：袋装330元/t，散装300元/t。为车上交货。

(2)袋装水泥汽车运价为0.55元/(t·km)，散装水泥在袋装水泥运价的基础上上浮20%；袋装水泥装车费为6元/t，卸车费为5元/t，散装水泥装车费为5元/t，卸车费为4元/t。

(3)运输保险费率：1%。

问题：计算水泥预算价格。

解：水泥综合原价 = 330 × 30% + 300 × 70% = 309(元/t)

运杂费 = [0.55 × (50 + 5) + 5 + 6 + 5] × 30% + [0.55 × (1 + 20%) × (50 + 5) + 4 + 5 + 4] × 70% = 48.39(元/t)

运输保险费 = 309 × 1% = 3.09(元/t)

采购及保管费 = (309 + 48.39) × 3% = 10.72(元/t)

水泥预算价格 = 原价 + 运杂费 + 采购及保管费 + 运输保险费 = 309 + 48.39 + 10.72 + 3.09 = 371.2(元/t)

计算结果见表 3-6。

表 3-6 计算结果

序号	名称及规格	单位	预算价格(元/t)	其中(元/t)			
				原价	运杂费	运输保险费	采购及保管费
	水泥 32.5	t	371.2	309.00	48.39	3.09	10.72

3.2.4 次要材料预算价格的编制

一般水利水电工程中，次要材料一般品种繁多，且其费用在投资中所占比例很小，不可能也没有必要逐一详细计算其预算价格。按《编规》可参考工程所在地区建设工程造价管理部门发布的建设工程材料预算价格或信息价格。

3.2.5 材料调差价

为避免材料市场价格起伏变化，造成间接费、利润相应地变化，按照《编规》的规定，当主要材料预算价格超过表 3-7 规定的材料基价时，应按基价计入工程单价参与取费，预算价与基价的差值以材料补差形式计算，列入单价表中并计取税金。

表 3-7 主要材料基价表

序号	材料名称	单位	基价(元)
1	柴油	t	3 500
2	汽油	t	3 600
3	钢筋	t	3 000
4	水泥	t	300
5	炸药	t	6 000

主要材料预算价格低于基价时，按预算价计入工程单价。

计算施工电、风、水价格时，按预算价参与计算。

任务 3.3 编制施工机械台时费

水利工程施工机械种类很多，按设备的功能分为土石方机械、混凝土机械、运输机械、起重机械、砂石料加工机械、钻孔灌浆机械、工程船舶、动力机械和其他机械九大类。按设备动力分为风动、油动、电动三类机械。

施工机械台时费是指一台施工机械在一个小时内正常运行所损耗和分摊的各项费用之和。施工机械台时费根据施工机械台时费定额进行编制，它是计算建筑安装工程单价中施工机械使用费的基础单价。

3.3.1 施工机械台时费的组成

施工机械台时费由一类费用、二类费用组成。

3.3.1.1 一类费用

一类费用由折旧费、修理及替换设备费（含大修理费、经常性修理费、替换设备费）、安装拆卸费组成。一类费用在施工机械台时费定额中以金额表示，其大小是按定额编制年的物价水平确定的，现行部颁定额是按 2000 年物价水平确定的。

1. 折旧费

折旧费指施工机械在规定使用年限（寿命期）内收回原值的台时折旧摊销费用。

2. 修理及替换设备费

修理及替换设备费是指机械使用过程中，为了使机械保持正常功能而进行修理所需的费用、日常保养所需的润滑油料费、擦拭用品费、机械保管费以及替换设备、随机使用的工具附具等所需的台时摊销费。

3. 安装拆卸费

安装拆卸费是指机械进出工地的安装、拆卸、试运转和场内转移及辅助设施的摊销费用。

不需要安装拆卸的施工机械，台时费中不计列此项费用，例如自卸汽车、船舶、拖轮等。现行施工机械台时费定额中，凡备注栏内注有“※”的大型施工机械，表示该项定额未计列安装拆卸费，其费用在临时工程中的“其他施工临时工程”中计算。

3.3.1.2 二类费用

二类费用是指机上人工费和机械所消耗的动力、燃料费，在施工机械台时费定额中以实物量形式表示，其定额数量一般不允许调整，其费用按国家规定的人工工资计算办法和工程所在地的物价水平分别计算。

1. 机上人工费

机上人工费是指施工机械使用时应配备的机上操作人员预算工资所需的费用。机上人工在台时费定额中以工时数量表示，它包括机械运转时间，辅助时间，用餐、交接班以及必要的机械正常中断时间。机下辅助人员预算工资一般列入工程人工费，不包括在机上人工费内。

2. 动力、燃料费

动力、燃料费是指施工机械正常运转时所耗用的各种动力、燃料及各种消耗性材料，包括风（压缩空气）、水、电、汽油、柴油、煤和木柴等所需的费用。定额中以实物消耗量表示。

3.3.2 施工机械台时费的编制

机械使用费应根据《水利工程施工机械台时费定额》及有关规定计算。对于定额缺项的施工机械,可补充编制台时费定额。

3.3.2.1 **一类费用**

根据施工机械型号、规格、吨位等参数,查阅定额可得一类费用。现行部颁定额中一类费用以金额形式表示,按2000年价格水平编制,以后年度由于物价上涨,由主管部门发布不同调整系数进行调整。计算公式为

$$一类费用 = 定额一类费用 \times 编制年调整系数 \quad (3\text{-}9)$$

3.3.2.2 **二类费用**

将定额中的人工工时、燃料、动力消耗数量分别乘以本工程的人工预算单价、材料预算价格,其值进行合计得出二类费用。其中,机上人工按中级工考虑。计算公式如下:

$$二类费用 = 机上人工费 + 动力、燃料费 \quad (3\text{-}10)$$

其中:

$$机上人工费 = 定额机上人工工时数 \times 中级工人工预算单价 \quad (3\text{-}11)$$

$$动力、燃料费 = \sum(定额动力、燃料消耗量 \times 动力、燃料预算价格) \quad (3\text{-}12)$$

3.3.2.3 **施工机械台时费**

施工机械台时费的计算公式为

$$施工机械台时费 = 一类费用 + 二类费用 \quad (3\text{-}13)$$

【例3-3】 查《水利工程施工机械台时费定额》计算77 t自卸汽车的机械台时费,已知工长、高级工、中级工和初级工的人工预算单价分别为9.27元/工时、8.57元/工时、6.62元/工时、4.64元/工时;一类费用调整系数为1.05,汽油预算单价为7.62元/kg,柴油预算单价为7.40元/kg。

解:查《水利工程施工机械台时费定额》(编号3026)得:77 t自卸汽车每台时一类费用为514.08元,二类费用中人工为1.3工时,柴油为71.4 kg,又因为一类费用调整系数为1.05,故77 t自卸汽车台时费计算如下:

一类费用为:514.08×1.05=539.78(元/台时)

二类费用为:1.3×6.62+71.4×3.5=8.61+249.9=258.51(元/台时)

故77 t自卸汽车台时费为:539.78+258.51=798.29(元/台时)

计算结果见表3-8。

表3-8 施工机械台时费计算表 (单位:元)

编号	名称及规格	台时费	一类费用	其中		二类费用	其中	
				定额一类费用	调整系数		人工费	动力燃料费
3026	77 t自卸汽车	798.29	539.78	514.08	1.05	258.51	8.61	249.9

注:柴油价格高于基价部分按材料补差列入工程单价表中并计取税金。

3.3.3 补充施工机械台时费的编制

水利工程施工机械台时费定额中基本包括了常用的机械,当选取的施工机械在现行

台时费定额中缺项或规格、型号与定额不符时，则需要补充编制施工机械台时费定额。可以采取以下三种方法。

3.3.3.1　直线内插法

当所求设备的容量、吨位、动力等设备特征指标在“施工机械台时费定额”范围之内时，常采用直线内插法编制补充台时费。其计算公式为

$$X = (B - A) \times (x - a) \div (b - a) + A \tag{3-14}$$

式中　X——所求设备的定额指标；

A——在定额表中，较所求设备特征指标小而最接近的设备的定额指标；

B——在定额表中，较所求设备特征指标大而最接近的设备的定额指标；

x——所求设备特征指标，如容量、吨位、动力等；

a——A 设备特征指标，如容量、吨位、动力等；

b——B 设备特征指标，如容量、吨位、动力等。

3.3.3.2　占基本折旧费比例法

当所求设备的容量、吨位、动力等设备特征指标在“施工机械台时费定额”范围之外时，或者是新型设备，常采用占基本折旧费比例法编制补充台时费。即首先确定所求设备的基本折旧费；再利用定额中类似设备的设备修理及替换设备费、安装拆卸费与其基本折旧费的比例，推求所求设备的台时费一类费用；最后根据有关动力消耗参数确定台时费二类费用。

3.3.3.3　图解法

图解法是借助已有的定额资料，计算一系列与所求设备同类的设备台时费，并点绘成曲线，根据曲线的趋势求所求设备的台时费。

任务 3.4　编制砂石料单价

广义的砂石料是砂、卵(砾)石、碎石、块石、条石、料石等的统称。按其来源不同可分为天然砂石料和人工砂石料两种。天然砂石料是岩石经风化和水流冲刷而形成的，有河砂、山砂、海砂以及河卵石、山卵石和海卵石等；人工砂石料是采用爆破等方式，开采岩体经机械设备的破碎、筛洗、碾磨加工而成的碎石和人工砂。水利工程砂石料由施工企业自行采备时，砂石料单价应根据料源情况、开采条件和工艺流程计算，并计取间接费、利润及税金。外购砂石料的单价可按材料预算价格的编制方法进行编制。

3.4.1　自行采备砂石料的单价编制

3.4.1.1　基本资料的收集

(1)料场的位置、分布、地形条件、工程地质和水文地质特性、岩石类别及物理力学特性等。

(2)料场的储量与可开采数量，设计砂石料用量。

(3)砂石料场的天然级配组成与设计级配，级配平衡计算成果。

(4)各料场覆盖层的清除厚度、数量及其占毛料开采量的比例与清除方式。

(5)毛料的开采、运输、堆存方法。

(6)砂石料加工工艺流程、成品堆放、运输方式与废渣处理方式。

3.4.1.2 砂石料生产的工艺流程

1. 覆盖层清除

天然砂石料场或采石场表面的杂草、树木、腐殖土或风化与弱风化岩石及夹泥层等覆盖物,在毛料开采前必须清理干净。该工序单价应根据施工组织设计确定的施工方法,套用一般土石方工程概预算定额计算,然后摊入砂石料成品单价中。

2. 毛料开采运输

毛料开采运输指毛料从料场开采、运输到筛分厂毛料堆的整个过程。该工序费用应根据施工组织设计确定的施工方法,选用概预算定额进行计算。

3. 毛料的破碎、筛分、冲洗加工

1)天然砂石料的破碎、筛分、冲洗加工

天然砂石料的破碎、筛分、冲洗加工一般包括预筛分、超径石破碎、筛洗、中间破碎、二次筛分、堆存及废弃料清除等工序。

筛分是指将毛料和碎石半成品通过各级筛分机与洗砂机筛分、冲洗成设计需要的质量合格的不同粒径粗骨料与细骨料的过程。一般包括预筛、初筛、复筛、洗砂等过程。

超径石破碎是指将预筛分隔离的超径石进行一次或两次破碎,加工成需要粒径的碎石半成品的过程。

中间破碎是指由于生产和级配平衡的需要,将一部分大粒径骨料进行破碎加工的过程。

二次筛分是指粗骨料在运输、贮存过程中会受污染,超径含量可能超标,为保证混凝土质量,有的工程在骨料上搅拌楼之前进行的第二次筛分。

2)人工砂石料的破碎、筛分、冲洗加工

人工砂石料的破碎、筛分、冲洗加工一般包括破碎、筛分、清洗等工序。根据现行定额,人工砂石料加工分为三种情况,即单独生产碎石、单独生产人工砂、同时生产碎石和人工砂。当人工砂石料加工的碎石原料含泥量超过5%时,需增加预洗工序。

编制破碎筛洗加工单价时,应根据施工组织设计确定的施工机械、施工方法,套用相应概预算定额进行计算。

4. 成品运输

成品运输指将经过筛洗加工后的成品料,运至混凝土搅拌楼前的调节料仓或与搅拌楼上料胶带输送机相接为止的过程。运输方式根据施工组织设计确定,运输单价采用概预算相应的子目计算。

以上各工序可根据料场天然级配和混凝土生产需要,在施工组织设计中确定其取舍与组织。

3.4.1.3 自行采备砂石料的单价计算

自行采备砂石料单价计算常用的方法有两种,即系统单价法和工序单价法。

1. 系统单价法

系统单价法是以整个砂石料生产系统(从料源开采运输起到骨料运至拌和楼(场)骨

料料仓(堆)的生产全过程)为计算单元,用系统的班(或时)生产总费用除以系统班(或时)骨料产量求得骨料单价。计算公式为

骨料单价 = 系统的班(或时)生产总费用 ÷ 系统班(或时)骨料产量 (3-15)

2. 工序单价法

工序单价法是按骨料生产流程分解成若干个工序,以工序为计算单元,按现行概算相应定额计算各工序单价,再计入施工损耗,求得骨料单价。按计入损耗的方式分为综合系数法及单价系数法两种。

(1)综合系数法。

骨料单价 = 覆盖层清除摊销费 + 弃料处理摊销费 + 各工序单价之和乘以综合系数 (3-16)

(2)单价系数法。

骨料单价 = 覆盖层清除摊销费 + 弃料处理摊销费 + Σ(工序单价 × 工序系数) (3-17)

【例 3-4】 某施工企业自行采备砂石料,已知:

(1)砂石料加工工艺流程为:覆盖层清除—毛料开采运输—预筛分、超径破碎运输—筛洗、运输—成品骨料运输。其中,预筛分、筛洗、运输工序中需将其弃料运至指定地点。

(2)根据定额计算的工序单价为:覆盖层清除单价 11 元/m^3;弃料运输单价 12.5 元/m^3。粗骨料加工:毛料开采运输单价 10.9 元/m^3,预筛分、超径破碎运输单价 7.56 元/m^3;筛洗、运输单价 9.30 元/m^3;成品骨料运输单价 7.78 元/m^3。砂制备:毛料开采运输单价 14 元/m^3,预筛分、超径破碎运输单价 7.15 元/m^3;筛洗、运输单价 8.21 元/m^3;成品骨料运输单价 15.06 元/m^3。

(3)设计砂石料用量 140 万 m^3,其中粗骨料 98 万 m^3,砂 42 万 m^3,料场覆盖层 16 万 m^3,成品储备量 148 万 m^3。超径弃料 3.5 万 m^3,粗骨料级配弃料 23.5 万 m^3,砂级配弃料 5.15 万 m^3。

试求该工程的砂石料单价。

解:(1)基本单价计算:

粗骨料基本单价 = 10.9 + 7.56 + 9.3 + 7.78 = 35.54(元/m^3)

砂基本单价 = 14 + 7.15 + 8.21 + 15.06 = 44.42(元/m^3)

(2)附加单价计算:

覆盖层清除单价 = 11 × 16/148 = 1.19(元/m^3)

超径石处理单价 = (10.9 + 7.56 + 12.5) × 3.5/98 = 1.11(元/m^3)

粗骨料级配处理单价 = (10.9 + 7.56 + 9.3 + 12.5) × 23.5/98 = 9.65(元/m^3)

砂级配处理单价 = (14 + 7.15 + 8.21 + 12.5) × 5.15/42 = 5.13(元/m^3)

(3)粗骨料综合单价 = 35.54 + 1.19 + 1.11 + 9.65 = 47.49(元/m^3)

砂综合单价 = 44.42 + 1.19 + 5.13 = 50.74(元/m^3)

3.4.2 外购砂石料的单价

按 2014 年水利部颁发的《水利工程设计概(估)算编制规定》,外购砂、碎石(砾石)、

块石、料石等预算价格超过 70 元/m^3时，按基价 70 元/m^3计入工程单价参与取费，预算价格与基价的差额以材料补差形式进行计算，材料补差列入单价表中并计取税金。

任务 3.5　编制混凝土、砂浆单价

3.5.1　混凝土、砂浆材料单价的概述与混凝土、砂浆配合比

混凝土、砂浆材料单价是指按级配计算的砂石骨料、水泥、水、掺合料和外加剂等每 1 m^3混凝土、砂浆的材料费用的价格。不包括拌制、运输、浇筑等工序的费用，也不包括除搅拌损耗外的施工操作损耗及超填量等。

混凝土配合比的各项材料用量，应根据工程试验提供的资料计算，若无试验资料，也可参照《水利建筑工程概算定额》附录中的混凝土、砂浆配合比及材料用量表。在查用附录时应注意以下说明：

（1）除碾压混凝土材料配合参考表外，水泥混凝土强度等级均以 28 d 龄期用标准试验方法测得的具有 95% 保证率的抗压强度标准值确定，如设计龄期超过 28 d，按表 3-9 系数换算。计算结果如介于两种强度等级之间，应选用高一级的强度等级。

表 3-9　不同龄期混凝土强度等级折合系数

设计龄期(d)	28	60	90	180
强度等级折合系数	1	0.83	0.77	0.71

（2）混凝土配合比表是卵石、粗砂混凝土，如改用碎石或中砂、细砂，按表 3-10 系数换算。

表 3-10　碎石或中砂、细砂系数换算

项目	水泥	砂	石子	水
卵石换为碎石	1.10	1.10	1.06	1.10
粗砂换为中砂	1.07	0.98	0.98	1.07
粗砂换为细砂	1.10	0.96	0.97	1.10
粗砂换为特细砂	1.16	0.90	0.95	1.16

注：水泥按重量计，砂、石子、水按体积计。

（3）混凝土细骨料的划分标准为：细度模数 3.19 ~ 3.85（或平均粒径 1.2 ~ 2.5 mm）为粗砂；细度模数 2.5 ~ 2.19（或平均粒径 0.6 ~ 1.2 mm）为中砂；细度模数 1.78 ~ 2.5（或平均粒径 0.3 ~ 0.6 mm）为细砂；细度模数 0.9 ~ 1.78（或平均粒径 0.15 ~ 0.3 mm）为特细砂。

（4）埋块石混凝土，应按配合比表的材料用量，扣除埋块石实体的数量计算：

$$埋块石混凝土材料量 = 配合表列材料用量 \times (1 - 埋块石率) \quad (3\text{-}18)$$

1 块石实体方 = 1.67 码方。

码方是指人工将材料碎块逐一码放在一起而形成的堆筑体的体积，片石、块石、大卵石按码方计算。

因埋块石增加的人工见表 3-11。

表 3-11 因埋块石增加的人工

埋块石率(%)	5	10	15	20
每 100 m^3 埋块石混凝土增加人工工时	24.0	32.0	42.4	56.8

注：不包括块石运输及影响浇筑的工时。

(5)有抗渗、抗冻要求时，按表 3-12 水灰比选用混凝土抗渗、抗冻等级。

表 3-12 按水灰比选用混凝土抗渗、抗冻等级

抗渗等级	一般水灰比	抗冻等级	一般水灰比
W4	0.60～0.65	F50	<0.58
W6	0.55～0.60	F100	<0.55
W8	0.50～0.55	F150	<0.52
W12	<0.50	F200	<0.50
		F300	<0.45

(6)除碾压混凝土材料配合参考表外，混凝土配合表的预算量包括场内运输及操作损耗在内。不包括搅拌后(熟料)的运输和浇筑损耗，搅拌后的运输和浇筑损耗已根据不同浇筑部位计入定额内。

(7)水泥用量按机械拌和拟定，若为人工拌和，水泥用量增加 5%。

(8)按照国际标准(ISO 3893)的规定，且为了与其他规范相协调，将原规范混凝土及砂浆标号的名称改为混凝土或砂浆强度等级。新强度等级与原标号对照见表 3-13 和表 3-14。

表 3-13 混凝土新强度等级与原标号对照

原用标号(kgf/cm^2)	100	150	200	250	300	350	400
新强度等级 C	C9	C14	C19	C24	C29.5	C35	C40

表 3-14 砂浆新强度等级与原标号对照

原用标号(kgf/cm^2)	30	50	75	100	125	150	200	250	300	350	400
新强度等级 M	M3	M5	M7.5	M10	M12.5	M15	M20	M25	M30	M35	M40

3.5.2 混凝土、砂浆材料单价的计算

3.5.2.1 混凝土材料单价计算

按照《编规》应根据设计确定的不同工程部位的混凝土强度等级、级配和龄期，分别计算出每立方米混凝土材料单价，计入相应的混凝土工程单价内。在计算混凝土材料单价时，应按照本工程的混凝土级配试验资料计算，无试验资料时可参照定额附录混凝土级配表及配合比的调整规定计算。

混凝土材料单价计算公式为

$$\text{混凝土材料单价} = \sum(\text{某材料用量} \times \text{某材料预算价格}) \tag{3-19}$$

在混凝土组成材料中，若水泥、外购骨料的预算价格超过基价，应按水泥 300 元/t、砂石料 70 元/m^3 的基价计算，超出部分以材料补差形式列入工程单价表中并计取税金。

当采用商品混凝土时，其材料单价应按基价 200 元/m^3 计入工程单价参与取费，预算价格与基价的差额以材料补差形式进行计算，材料补差列入单价表中并计取税金。

【例 3-5】 某水闸混凝土闸墩工程，采用的混凝土为 C20 三级配，混凝土用 32.5 普通硅酸盐水泥。已知混凝土各组成材料的预算价格为：32.5 普通硅酸盐水泥 360 元/t，中砂 55 元/m^3，碎石 40 元/m^3，水 0.80 元/ m^3。试计算该水闸闸墩混凝土材料的预算单价。

解： 查《水利建筑工程概算定额》附录表 7-7 得：C20 三级配混凝土的参考配合比是：水泥，238 kg；粗砂，0.4 m^3，卵石，0.96 m^3；水，0.125 m^3。

由于工地现场材料是中砂和碎石，故须用表 3-10 对混凝土各材料用量进行换算，换算如表 3-15 所示。

表 3-15

材料名称	单位	配合比表材料用量	材料调整系数	调整后材料用量
32.5 水泥	kg	238	1.10 × 1.07	280.13
中砂	m^3	0.40	1.10 × 0.98	0.43
碎石	m^3	0.96	1.06 × 0.98	1.00
水	m^3	0.125	1.10 × 1.07	0.147

注：水泥价格高于基价部分（360 − 300 = 60（元/t））按材料补差列入工程单价表中并计取税金，则混凝土材料预算单价为 = ∑（某材料用量 × 某材料预算价格）= 280.13 × 0.30 + 0.43 × 55 + 1.00 × 40 + 0.147 × 0.8 = 147.81（元/ m^3）。

3.5.2.2 砂浆材料单价计算

砂浆材料单价计算方法除配合比中无石子外，计算方法同混凝土单价计算。应根据工程试验提供的资料确定砂浆的各组成材料及相应的用量，若无试验资料，可参照定额附录砂浆材料配合比表中各组成材料预算量，进而计算出砂浆材料的单价。但应注意砌筑砂浆、接缝砂浆两者的区分。

砂浆材料单价的计算公式为

$$\text{砂浆材料单价} = \sum(\text{某材料用量} \times \text{某材料预算价格}) \tag{3-20}$$

任务3.6 编制施工用电、水、风预算单价

电、水、风在水利水电工程施工中消耗量很大，其预算价格的准确程度直接影响概预算质量。在编制电、水、风预算单价时，要根据施工组织设计所确定的电、水、风供应方式、布置形式、设备情况和施工企业已有的实际资料分别计算其单价。

3.6.1 施工用电预算价格

3.6.1.1 施工用电分类

按来源分类，水利水电工程施工用电一般有两种供电方式：一种是由国家、地方电网或其他电厂供电，称之为外购电，其中国家电网供电电价低廉，电源可靠，是施工时的主要电源；另一种是由施工单位自建发电厂或柴油发电厂供电，称之为自发电，自发电一般为柴油机发电机组供电，成本较高，一般作为施工单位的备用电源或在高峰用电时使用。

按用途分类，水利水电工程用电分为生产用电和生活用电。生产用电是指施工机械用电、施工照明用电和其他生产用电，该项费用直接计入工程成本中。水利水电工程中的电价计算仅指生产用电的电价计算；生活用电是指生活、文化、福利建筑的室内外照明和其他生活用电，这部分费用在间接费内计列或由职工负担，不在施工用电电价计算范围内。

3.6.1.2 电价组成及计算

施工用电价格由基本电价、电能损耗摊销费和供电设施维修摊销费组成，根据施工组织设计确定的供电方式以及不同电源的电量所占比例，按国家或工程所在省（自治区、直辖市）规定的电网电价和规定的加价进行计算。

1. 外购电电价组成及计算

外购电电价由基本电价、电能损耗摊销费和供电设施维修摊销费组成。

基本电价：施工企业向外购电按规定所需支付的供电价格，包括电网电价、电力建设基金及各种按规定的加价，基本电价按国家及各省（自治区、直辖市）物价主管部门规定的电价确定。

电能损耗摊销费：从施工企业与供电部门的产权分界处起到现场最后一级降压变压器低压侧之间的施工用变配电设备和线路的损耗。

供电设施维修摊销费：摊入电价的变配电设备的大修理费、安装拆卸费、设备及输配电线路的运行维护费。

外购电电价计算公式为

电网供电价格 = 基本电价 ÷（1 - 高压输电线路损耗率）÷
（1 - 35 kV 以下变配电设备及配电线路损耗率）+
供电设施维修摊销费　　(3-21)

高压输电线路损耗率，初步设计阶段取 3% ~ 5%，线路短、用电负荷集中时取小值，反之取大值。

变配电设备及配电线路损耗率，初步设计阶段取 4% ~ 7%，线路短、用电负荷集中时

取小值,反之取大值。

供电设施维修摊销费,初步设计阶段取0.04~0.05元/kWh。

2. 自发电电价组成及计算

自发电一般为柴油发电机组供电。自发电价格由基本电价、电能损耗摊销费和供电设施维修摊销费组成。自发电的基本电价是指柴油发电机的发电成本;自发电的电能损耗摊销费是指从施工企业自建发电厂的出线侧至现场各施工点最后一级降压变压器低压侧止,所有变配电设备和输配电线路上发生的电能损耗费用;供电设施维修摊销费是指摊入电价的变配电设备的大修理费、安装拆迁费、设备及输配电线路的移设和运行维护费。因为柴油发电机组供冷却水的方式有两种,其电价计算公式也不同。

(1)采用循环冷却水时,电价计算公式为

$$\text{柴油发电机供电价格}=\frac{\text{柴油发电机组(台)时费}}{\text{柴油发电机额定容量之和}\times\text{发电机出力系数}\times(1-\text{厂用电率})}\div(1-\text{变配电设备及配电线路损耗率})+\text{供电设施维修摊销费}+\text{单位循环冷却水费} \tag{3-22}$$

(2)采用专用水泵供给冷却水时,电价计算公式为

$$\text{柴油发电机供电价格}=\frac{\text{柴油发电机组(台)时费}+\text{水泵组(台)时费}}{\text{柴油发电机额定容量之和}\times\text{发电机出力系数}\times(1-\text{厂用电率})}\div(1-\text{变配电设备及配电线路损耗率})+\text{供电设施维修摊销费} \tag{3-23}$$

式中:发电机出力系数一般取0.8~0.85;厂用电率取3%~5%;变配电设备及配电线路损耗率取4%~7%;供电设施维修摊销费取0.04~0.05元/kWh;单位循环冷却水费取0.05~0.07元/kWh。

如果工程为自发电与外购电共用,则按外购电与自发电电量比例加权平均计算综合电价。

【例3-6】 某水利工程施工用电95%由电网供电,5%由自备柴油发电机发电。已知电网供电基本电价为0.35元/kWh;损耗率高压线路取5%,变配电设备和输电线路损耗率取7%,供电设施摊销费0.04元/kWh,厂用电率取5%。柴油发电机总容量为1 000 kW,其中1台200 kW,2台400 kW,并配备3台3.7 kW水泵,供给冷却水;以上三种机械台时费分别为140元/台时、248元/台时和12元/台时。试计算电网供电电价、自发电电价和综合电价。

解:(1)电网供电电价:

电网供电价格=基本电价÷(1-高压输电线路损耗率)÷(1-35 kV以下变配电设备及配电线路损耗率)+供电设施维修摊销费=0.35÷(1-5%)÷(1-7%)+0.04=0.44(元/kWh)

(2)自发电电价(发电机出力系数取0.83):

$$\text{柴油发电机供电价格}=\frac{\text{柴油发电机组(台)时费}+\text{水泵组(台)时费}}{\text{柴油发电机额定容量之和}\times\text{发电机出力系数}\times(1-\text{厂用电率})}\div(1-\text{变配电设备及配电线路损耗率})+\text{供电设施维修摊销费}$$

$$= \frac{140 + 248 \times 2 + 12 \times 3}{1\,000 \times 0.83 \times (1 - 5\%)} \div (1 - 7\%) + 0.04$$

$$= 0.96(\text{元}/\text{kWh})$$

(3)综合电价：

综合电价 = 电网供电电价 × 95% + 自发电电价 × 5% = 0.44 × 95% + 0.96 × 5% = 0.47(元/kWh)

3.6.2 施工用水预算价格

3.6.2.1 施工用水分类

水利工程施工用水包括生产用水和生活用水。生产用水主要包括施工机械用水、砂石料筛洗用水、混凝土拌制养护用水、土石坝砂石料压实用水、钻孔灌浆用水等。生产用水水价是计算各种用水施工机械台时费用和工程单价的基础。生活用水指职工的饮用水和洗涤用水，在间接费用内开支或由职工自行负担，不计入施工用水水价之内。

3.6.2.2 施工用水价格组成及计算

施工用水价格由基本水价、供水损耗和供水设施维修摊销费组成。基本水价是根据施工组织设计确定的按施工高峰用水所配置的供水系统设备(不含备用设备)，按台班产量计算的单位水量价格；供水设施维修摊销费是指摊入水价的贮水池、供水管路的单位维护修理费用；供水损耗摊销费是指施工用水在储存、输送、处理过程中造成的水量损失，用损耗率表示。根据施工组织设计所配置的供水系统设备组(台)时总费用和组(台)时总有效供水量计算。

水价计算公式为

$$\text{施工用水水价} = \frac{\text{基本水价}}{1 - \text{损耗率}} + \text{供水设施维修摊销费}$$

$$= \frac{\text{水泵组(台)时总费用}}{\text{水泵额定流量之和}(m^3/h) \times \text{能量利用系数} \times (1 - \text{损耗率})} + \text{供水设施维修摊销费} \quad (3\text{-}24)$$

式中：能量利用系数取 0.75 ~ 0.85；供水损耗率取 6% ~ 10%，供水范围大，扬程高，采用两级以上泵站供水系统时取大值，反之取小值；供水设施维修摊销费取 0.04 ~ 0.05 元/m^3。

注：(1)施工用水为多级供水并且中间有分流时，要逐级计算水价。

(2)施工用水有循环用水时，水价要根据施工组织设计的供水工艺流程计算。

【例3-7】 工程背景：某水利工程施工用水为三级供水，各级泵站出水口均设有调节水池，供水系统主要技术指标如表3-15所示，所选水泵扬程及组时净供水量均可满足设计要求。

问题：试计算施工用水综合单价。

解：(1)确定有关技术参数。

水泵能量利用系数取 0.80，供水损耗率取 10%，供水设施维修摊销费取 0.05 元/m^3。

(2)计算水泵净供水量及各级泵站设计用水量比例。

水泵额定流量之和 = 水泵额定流量 × 台数

实际净供水量 = 水泵额定流量之和 ×(1 − 供水损耗率) × 水泵能量利用系数

设计用水量比例 = 每级设计用水量 ÷ 设计总用水量

组时费合计 = 台时单价 × 台数

计算结果见表 3-17。

(3)计算施工用水价格。

水价 =(组时费合计/实际净供水量) + 供水设施维修摊销费

施工用水价格计算式及结果见表 3-17,本工程施工用水综合单价为 0.520 3 元/m^3。

表 3-16 供水系统主要技术指标

位置	水泵型号	电机功率(kW)	台数	单价(元/台时)	设计扬程(m)	水泵额定流量(m^3/h)	设计用水量(m^3/组时)	说明
一级泵站	14SH − 13	220	3	127.5	40	972	0	各级泵站均配有备用水泵
二级泵站	12SH − 9A	155	5	89.3	35	892	2 250	
三级泵站	D155 − 30 × 5	115	2	105.2	140	155	250	
小计							2 500	

表 3-17 施工用水价格计算

位置	水泵额定流量之和(m^3/h)	实际净供水量(m^3/组时)	设计用水比例(%)	组时费合计(元/组时)	水价计算式	水价(元/m^3)
一级泵站	2 916	2 099.52	0	382.5	382.5 ÷ 2 099.52 + 0.05	0.232
二级泵站	4 460	3 211.25	90	446.5	0.232 + (446.5 ÷ 3 211.25 + 0.05)	0.421
三级泵站	310	223.2	10	210.4	0.421 + (210.4 ÷ 223.2 + 0.05)	1.414
小计			100			
综合水价	0.232 × 0% + 0.421 × 90% + 1.414 × 10%					0.520 3

3.6.3 施工用风预算价格

水利水电工程施工用风主要指在水利水电工程施工过程中用于石方开挖、混凝土振捣、基础处理、金属结构和机电设备安装工程等风动机械所需的压缩空气,如风钻、潜孔钻、振动器、凿岩台车等。施工用风价格是计算各种风动机械台时费的依据。

压缩空气一般由自建压缩系统供给。常用的有固定式空压机和移动式空压机。在大中型工程中,一般都采用多台固定式空压机集中组成压气系统,并以移动式空压机为辅助。为保证风压,减少管路损耗,顾及施工初期及零星工程用风需要,一般工程多采用分区布置供风系统，各区供风系统，因布置形式和机械组成不一定相同，各区的风价也不一定相同，这种情况下应按各系统供风量的比例加权平均计算综合风价。

3.6.3.1 施工用风分类

施工用风价格由基本风价、供风损耗摊销费和供风设施维修摊销费组成。

1. 基本风价

基本风价是指根据施工组织设计所配置的供风系统设备，按台时总费用除以台时总供风量计算的单位风量价格。

2. 供风损耗摊销费

供风损耗摊销费是指由空压站至用风现场的固定供风管道，在输送压气过程中所发生的风量损耗摊销费用。损耗及损耗摊销费的大小与管道长短、管道直径、闸阀和弯头等构件多少、管道敷设质量、设备安装高程的高低有关。损耗摊销费常用损耗率表示。

风动机械本身的用风及移动的供风管道损耗已包括在该机械的台时耗风定额内，不在风价中计算。

3. 供风设施维修摊销费

供风设施维修摊销费是指摊入风价的供风管道的维护修理费用。因该项费用数值甚微，初步设计阶段常不进行具体计算，而采用经验指标值；编制预算时，若实际资料不足无法进行具体计算，也可采用经验指标值。

3.6.3.2 施工用风价格的计算

施工用风价格由基本风价、供风损耗和供风设施维修摊销费组成，根据施工组织设计所配置的空气压缩机系统设备组（台）时总费用和组（台）时总有效供风量计算。

计算公式如下：

（1）采用水泵供水冷却时

$$\text{施工用风价格} = \frac{\text{空压机组（台）时费} + \text{水泵组（台）时费}}{\text{空压机额定容量之和}(m^3/min) \times 60(min) \times \text{能量利用系数}} \div (1 - \text{供风损耗率}) + \text{供风设施维修摊销费} \tag{3-25}$$

（2）采用循环水冷却时

$$\text{施工用风价格} = \frac{\text{空压机组（台）时费}}{\text{空压机额定容量之和}(m^3/min) \times 60(min) \times \text{能量利用系数}} \div (1 - \text{供风损耗率}) + \text{供风设施维修摊销费} + \text{单位循环冷却水费} \tag{3-26}$$

式中：能量利用系数取0.70～0.85；供风损耗率取6%～10%；单位循环冷却水费取0.007元/m^3；供风设施维修摊销费取0.004～0.005元/m^3。

（3）综合风价。

同一工程中有两个或两个以上供风系统时，综合风价应根据供风比例加权平均计算。

【例3-8】 某工程供风系统所配备的空压机数量及主要技术指标、台时单价如表3-18所示。能量利用系数取0.80，供风损耗率取10%，单位循环冷却水费取0.007元/m^3，供风设施维修摊销费取0.005元/m^3。试计算该工程施工用风风价。

表 3-18　供风系统主要技术指标

空压机名称	额定容量(m^3/min)	数量(台)	额定容量之和(m^3/min)	台时单价(元/台时)
1. 固定式空压机	40	2	80	115.36
2. 固定式空压机	20	3	60	66.04
3. 移动式空压机	6	4	24	27.03
合计			164	

解:(1)计算各空压机组时供风量及总费用(见表 3-19)。

组时供风量 Q = 空压机额定容量之和 ×60(min)× 能量利用系数(取 0.80)

表 3-19　施工用风价格计算

空压机名称	额定容量(m^3/min)	数量(台)	额定容量之和(m^3/min)	组时供风量(m^3/组时)	台时单价(元/台时)	组时总费用(元/组时)
1. 固定式空压机	40	2	80	3 840	115.36	230.72
2. 固定式空压机	20	3	60	2 880	66.04	198.12
3. 移动式空压机	6	4	24	1 152	27.03	108.12
合计			164	7 872		536.96

(2)施工用风价格计算。

施工用风价格 = 空气压缩机组(台)时总费用 ÷[(空压机额定容量之和 ×60(min)× 能量利用系数)×(1 - 供风损耗率)] + 单位循环冷却水费 + 供风设施维修摊销费

$=536.96\div[7\ 872\times(1-10\%)]+0.007+0.005=0.088$(元/$m^3$)

思考题

1. 怎样区分主要材料和次要材料？它们的单价计算有哪些不同？

2. 计算某水电工程大坝用水泥预算价格。水泥由某水泥厂直供，强度等级为 42.5，其中袋装水泥占 10%，散装水泥占 90%，平均市场价为 290 元/t。运输路线、运输方式和各项费用：自水泥厂通过公路运往工地仓库，其中袋装运杂费 25.2 元/t，散装运杂费 15.9 元/t；从仓库至拌和楼由汽车运送，运费 1.5 元/t，进罐费 1.3 元/t；运输保险费率按 1% 计；采购及保管费率按 3% 计。

3. 重庆市永川区某河道工程，柴油 5.8 元/kg，试计算 10 t 自卸汽车的台班费。

4. 一混凝土重力坝工程，坝身采用强度等级为 C25(三级配)掺粉煤灰混凝土。掺粉煤灰量 25%，取代系数 1.3。混凝土用强度等级 32.5 普通硅酸盐水泥。已知混凝土各组成材料的预算价格为：强度等级 32.5 普通硅酸盐水泥 400 元/t，粗砂 70 元/m^3，卵石 60

元/m^3,水0.80元/m^3,粉煤灰200元/t,外加剂5.5元/kg。试计算混凝土重力坝工程中混凝土材料的预算单价。

5. 某工程施工用电,95%采用电网供电,5%采用自备柴油发电机供电,试根据下列数据计算施工电价。已知:①电网基本电价0.95元/kWh;②高压输电损耗率3%;③厂用电率4%;④场内输变电损耗率7%;⑤160 kW柴油发电机(1 323.93元)一台(发电工作时间占80%);⑥55 kW柴油发电机(648.41元)一台(发电工作时间占20%);⑦场内输变电维护费0.04元/kWh;⑧发电机冷却水费0.05元/kWh;⑨发电机出力系数取0.8。

项目4 编制建筑及安装工程单价

本项目重点

1. 熟悉建筑工程概算单价的组成。
2. 熟悉建筑工程概算单价编制步骤与程序。
3. 掌握土方工程、石方工程、砌石工程、混凝土工程、模板工程单价编制。
4. 掌握设备安装工程单价编制。

工程单价包含了建筑工程单价和安装工程单价两个部分。工程单价是编制水利水电建筑及安装工程概预算的基础,它直接影响工程项目投资的准确性。

工程单价是指完成工程单位工程量(如 1 m^3、10 m^3、1 t、1 台等)所需要耗用的直接费、间接费、利润、材料补差、税金五部分的总和。

在初步设计阶段,使用概算定额和《编规》取费标准编制的工程单价称为工程概算单价,在施工图设计阶段和招标投标阶段参考预算定额和《编规》取费标准编制的工程单价称为工程预算单价。本项目主要介绍概算单价编制。

任务4.1 建筑及安装工程单价组成

建筑及安装工程单价由直接费、间接费、利润、材料补差、税金五部分组成。

4.1.1 直接费

直接费是指在建筑安装过程中直接在工程项目上消耗的活劳动和物化劳动,直接费包括基本直接费和其他直接费。

4.1.1.1 基本直接费

基本直接费包括人工费、材料费和施工机械使用费。

4.1.1.2 其他直接费

其他直接费包括冬雨季施工增加费、夜间施工增加费、特殊地区施工增加费、临时设施费、安全生产措施费和其他。

1. 冬雨季施工增加费

冬雨季施工增加费是指在冬雨季施工期间为保证工程质量所需增加的费用。包括增加施工工序,增设防雨、保温、排水等设施增耗的动力、燃料、材料,以及因人工、机械效率降低而增加的费用。

2. 夜间施工增加费

夜间施工增加费是指施工场地和公用施工道路的照明费用。照明线路工程费用包括在“临时设施费”中;施工附属企业系统、加工厂、车间的照明费用,列入相应的产品中,均不包括在本项费用之内。

3. 特殊地区施工增加费

特殊地区施工增加费是指在高海拔、原始森林、沙漠等特殊地区施工而增加的费用。其中,高海拔地区施工增加费已计入定额,其他特殊增加费应按工程所在地区规定计算,地方没有规定的不得计算此项费用。

4. 临时设施费

临时设施费是指施工企业为进行建筑安装工程施工所必需的但又未被划入施工临时工程的临时建筑物、构筑物和各种临时设施的建设、维修、拆除、摊销等费用。如供风、供水(支线)、供电(场内)、照明、供热系统及通信支线,土石料场,简易砂石料加工系统,小型混凝土拌和浇筑系统,木工、钢筋、机修等辅助加工厂,混凝土预制构件厂,场内施工排水,场地平整、道路养护及其他小型临时设施等。

5. 安全生产措施费

安全生产措施费是指为保证高危行业施工现场安全作业施工环境及安全施工、文明施工所需要的,在工程设计时已考虑的安全支护措施之外发生的安全生产、文明施工相关费用。

6. 其他费用

其他费用包括施工工具用具使用费,检验试验费,工程定位复测及施工控制网测设,工程交竣工场地清理、工程项目及设备仪表移交生产前的维护费,工程验收检测费等。

施工工具用具使用费是指施工生产所需,但不属于固定资产的生产工具,检验、试验用具等的购置、摊销和维护费。

检验试验费是指对建筑材料、构件和建筑安装物进行一般鉴定、检查所产生的费用,包括自设实验室所耗用的材料和化学药品费用,以及技术革新和研究试验费,不包括新结构、新材料的试验费和建设单位要求对具有出厂合格证明的材料进行试验、对构件进行破坏性试验,以及其他特殊要求检验试验的费用。

工程项目及设备仪表移交生产前的维护费是指竣工验收前对已完成及设备进行保护所需的费用。

工程验收检测费是指工程各级验收阶段为监测工程质量发生的检测费用。

4.1.2 间接费

间接费是指施工企业为建筑安装工程施工而进行组织与经营管理所发生的各项费用。间接费构成产品成本,由规费和企业管理费组成。

4.1.2.1 规费

规费是指政府和有关部门规定必须缴纳的费用,包括社会保险费和住房公积金。

1. 社会保险费

(1)养老保险费:企业按照规定标准为职工缴纳的基本养老保险费。

(2)失业保险费:企业按照规定标准为职工缴纳的失业保险费。

(3)医疗保险费:企业按照规定标准为职工缴纳的基本医疗保险费。

(4)工伤保险费:企业按照规定标准为职工缴纳的工伤保险费。

(5)生育保险费:企业按照规定标准为职工缴纳的生育保险费。

2. 住房公积金

住房公积金是指企业按照规定标准为职工缴纳的住房公积金。

4.1.2.2 企业管理费

企业管理费是指施工企业为组织施工生产和经营管理活动所发生的费用。内容包括:

(1)管理人员工资:管理人员的基本工资、辅助工资。

(2)差旅交通费:施工企业管理人员因公出差、工作调动的差旅费,误餐补助费,职工探亲路费,劳动力招募费,职工离退休、退职一次性路费,工伤人员就医路费,工地转移费,交通工具运行费及拍照费等。

(3)办公费:企业办公用文具、印刷、邮电、书报、会议、水电、燃煤(气)等费用。

(4)固定资产使用费:企业属于固定资产的房屋、设备、仪器等的折旧、大修理、维修费或租赁费等。

(5)工具用具使用费:企业管理使用不属于固定资产的工具、用具、家具、交通工具和检验、试验、测绘、消防用具等的购置、维修和摊销费。

(6)职工福利费:企业按照国家规定支出的职工福利费,以及由企业支付离退休职工的异地安家补助费、职工退职金、六个月以上的病假人员工资、按规定支付给离休干部的各项经费。职工发生工伤时企业依法在工伤保险基金之外支付的费用,其他在社会保险基金之外依法由企业支付给职工的费用。

(7)劳动保护费:企业按照国家有关部门规定标准发放的一般劳动防护用品的购置及修理费、保健费、防暑降温费、高空作业及进洞津贴、技术安全措施以及洗澡用水、饮用水的燃料费等。

(8)工会经费:企业按职工工资总额计提的工会经费。

(9)职工教育经费:企业为职工学习先进技术和提高文化水平按职工工资总额计提的费用。

(10)保险费:企业财产保险、管理用车等保险费用,高空、井下、洞内、水下、水上作业等特殊工种安全保险费,危险作业意外伤害保险费等。

(11)财务费用:施工企业为筹集资金而发生的各项费用,包括企业经营期间发生的短期融资利息净支出、汇兑净损失、金融结算手续费,企业筹建资金发生的其他财务费用,以及投标和承包工程发生的保函手续费等。

(12)税金:企业按规定缴纳的房产税、管理用车辆使用税、印花税等。

(13)其他:包括技术转让费、企业定额测定费、施工企业进退厂费、施工企业承担的施工辅助工程设计费、投标报价费、工程图纸资料费及工程摄影费、技术开发费、业务招待费、绿化费、公证费、法律顾问费、审计费、咨询费等。

4.1.3 利润

利润是指按照规定应计入建筑安装工程费用中的费用。

4.1.4 材料补差

材料补差是指根据主要材料消耗量、主要材料预算价格与材料基价之间的差值计算的主要材料补差金额。材料基价是指计入基本直接费的主要材料的限制价格。

4.1.5 税金

税金是指国家对施工企业进行建筑、安装工程作业收入所征收的营业税、城市维护建设税、教育费附加。

任务4.2 建筑及安装工程单价计算程序

4.2.1 工程单价的计算程序

工程单价的计算通常采用列表法，利用表格进行计算，这些表格称为建筑、安装工程单价分析表。编制工程单价有规定的格式。

4.2.1.1 建筑工程

建筑工程单价包括土方工程、石方工程、土石填筑工程、混凝土工程、模板工程、钻孔灌浆工程及锚固工程、疏浚及其他工程等单价。

建筑工程的工程单价编制方法如下：

(1)按照工程名称、定额编号、定额单位等信息填入表中对应位置，其中需要注意，“名称及规格”栏内一定要填写具体的信息，比如混凝土的强度等级、机械的型号等。

(2)将定额中查定的人工、材料、机械台时消耗量，以及对应的人工预算单价、材料预算单价、机械台时使用费填入表格中相应的栏内。

(3)用人工、材料、机械的消耗量分别乘以预算单价得出人工费、材料费、机械使用费，求和得到基本直接费。

(4)根据相应的取费标准，计算其他直接费、间接费、利润、材料补差、税金等，汇总后就得到建筑工程的工程单价。水利部现行的建筑工程概算单价计算表如表4-1所示。

计算建筑工程单价时需要注意以下问题：

(1)使用现行《水利建筑工程概算定额》时，首先要熟悉概算定额里面的说明部分，包括总说明、章节说明以及定额附录。在查找定额时，要根据施工组织设计确定的有关施工方法和技术条件等，正确选取定额子目。

(2)当遇到现行《水利建筑工程概算定额》里面缺项时，应参照相近行业的有关定额，编制补充定额，作为计算概预算工程单价的依据。但取费标准仍按照水利部现行标准执行，不能随意变更或者随意删除已选定的定额子目。

表 4-1 建筑工程概算单价计算表

序号	名称及规格	计算方法
一	直接费	1+2
1	基本直接费	(1)+(2)+(3)
(1)	人工费	定额劳动量(工时)×人工预算单价(元/工时)
(2)	材料费	定额材料用量×材料预算单价
(3)	机械使用费	定额机械使用量(台时)×施工机械台时费(元/台时)
2	其他直接费	1×其他直接费费率之和
二	间接费	(一)×间接费费率
三	利润	(一+二)×利润率
四	材料补差	(材料预算价格-材料基价)×材料消耗量
五	税金	(一+二+三+四)×税率
六	单价合计	一+二+三+四+五

(3)现行定额子目中,已经按照现行施工规范和相关规定,计入了不构成建筑工程实体的施工损耗、允许的超挖超填和施工附加量,以及体积变化所增加的人、材、机消耗量。因此,在编制设计概算时,一律按照设计结构工程量,即按照设计几何尺寸计算的工程量来作为编制工程设计概算的依据。

(4)定额中人工是指完成该定额子目工作内容所需的人工耗用量。包括基本用工和辅助用工,并按其所需技术等级,分别列出工长、高级工、中级工、初级工的工时及其合计数。

(5)定额中的材料是指完成该定额子目工作内容所需的全部材料耗用量,包括主要材料及其他材料、零星材料。定额中未列示品种规格的材料,根据设计选定的品种规格计算,但定额数量不得调整。已列示品种规格的,使用时不得变动。凡一种材料名称之后同时并列几种不同型号规格的,表示这种材料只能选用其中一种型号规格的定额进行计价;凡一种材料分几种型号规格与材料名称同时并列的,则表示这些名称相同而型号不同的材料都应同时计价。

(6)定额中的机械是指完成该定额子目工作内容所需的全部机械耗用量。凡一种机械名称之后同时并列几种不同型号规格的,表示这种机械只能选用其中一种型号规格的定额进行计价;凡一种机械分几种型号规格与机械名称同时并列的,表示这些名称相同而规格不同的机械都应同时计价。

(7)定额中其他材料费、零星材料费、其他机械费均以费率(%)形式表示,其计量基数是:其他材料费以主要材料费之和为计算基数;零星材料费以人工费、机械费之和为计算基数;其他机械费以主要机械费之和为计算基数。

(8)定额中只用一个数字表示的,仅适用于该数字本身。当需要选用的定额介于两子目之间时,用插入法计算。数字用上下限表示的,如2 000~2 500,适用于大于2 000,

小于或等于 2 500 的数字范围。

(9)汽车运输定额,适用于水利工程施工路况 10 km 以内的场内运输。运距超过 10 km 时,超过部分按增运 1 km 台时数乘 0.75 系数计算。

4.2.1.2　安装工程

安装工程包括机电设备安装和金属结构设备安装。设备及安装工程费用包括设备费及安装工程费两大部分,在编制工程概算时,应认真熟悉工程设计图纸,了解工程情况,收集有关资料,按照工程项目逐项计算设备及安装工程费用。

安装工程单价编制方法有实物量法和安装费率法。

1. 实物量法

设备安装定额以实物量表示的,其安装工程单价计算方法与建筑工程单价计算方法相同,在此不再赘述。

注意:未计价装置性材料只计税金,不计间接费和利润。

安装工程概算单价计算程序表(实物量法)如表 4-2 所示。

表 4-2　安装工程概算单价计算程序表(实物量法)

序号	名称及规格	计算方法
一	直接费	1 + 2
1	基本直接费	(1) + (2) + (3)
(1)	人工费	定额劳动量(工时) × 人工预算单价(元/工时)
(2)	材料费	定额材料用量 × 材料预算单价
(3)	机械使用费	定额机械使用量(台时) × 施工机械台时费(元/台时)
2	其他直接费	1 × 其他直接费费率
二	间接费	人工费 × 间接费费率
三	利润	(一 + 二) × 利润率
四	材料补差	(材料预算价格 - 材料基价) × 材料消耗量
五	未计价装置性材料费	未计价装置性材料用量 × 材料预算单价
六	税金	(一 + 二 + 三 + 四 + 五) × 税率
	单价合计	一 + 二 + 三 + 四 + 五 + 六

2. 安装费率法

以安装费率表示的定额子目在计算安装工程单价时即以设备原价为计算基数计算直接费,然后另计其他直接费、间接费、利润和税金。定额中的人工费、材料费、机械使用费、装置性材料费都是以费率形式表示的,根据设备安装概算定额规定,由于现行规定与当时的人工单价组成内容不同,只调整其中的人工费率,材料费(含装置性材料费)和机械使用费均不做调整。人工费安装费率调整方法是将定额人工费安装费率乘以本工程人工费安装费率调整系数。

人工费安装费率调整系数 = 工程所在地人工预算单价 / 北京地区人工预算单价 (4-1)

安装工程概算单价计算程序表(安装费率法)如表4-3所示。

表4-3 安装工程概算单价计算程序表(安装费率法)

序号	名称及规格	计算方法
一	直接费	1+2
1	基本直接费	(1)+(2)+(3)+(4)
(1)	人工费	设备原价×定额人工费安装费率×人工调整系数
(2)	材料费	设备原价×定额材料费安装费率
(3)	机械使用费	设备原价×定额机械使用费安装费率
(4)	装置性材料费	设备原价×定额装置性材料费安装费率
2	其他直接费	1×其他直接费费率
二	间接费	人工费×间接费费率
三	利润	(一+二)×利润率
四	税金	(一+二+三)×税率
	单价合计	一+二+三+四

4.2.2 《编规》中费率的规定

4.2.2.1 其他直接费

1. 冬雨季施工增加费

根据不同地区,冬雨季施工增加费按基本直接费的百分率计算。

西南区、中南区、华东区为0.5%~1.0%,华北区为1.0%~2.0%,西北区、东北区为2.0%~4.0%,西藏自治区为2.0%~4.0%。

西南区、中南区、华东区中,按规定不计冬季施工增加费的地区取小值,计算冬季施工增加费的地区可取大值;华北区中,内蒙古等较严寒地区可取大值,其他地区取中值或小值;西北区、东北区中,陕西、甘肃等省取小值,其他地区可取中值或大值。各地区包括的省(自治区、直辖市)如下:

(1)华北地区:北京、天津、河北、山西、内蒙古等5个省(自治区、直辖市)。

(2)东北地区:辽宁、吉林、黑龙江等3个省。

(3)华东地区:上海、江苏、浙江、安徽、福建、江西、山东等7个省(直辖市)。

(4)中南地区:河南、湖北、湖南、广东、广西、海南等6个省(自治区)。

(5)西南地区:重庆、四川、贵州、云南等4个省(直辖市)。

(6)西北地区:陕西、甘肃、青海、宁夏、新疆等5个省(自治区)。

2. 夜间施工增加费

夜间施工增加费按基本直接费的百分率计算。

(1)枢纽工程:建筑工程0.5%,安装工程0.7%。

(2)引水工程:建筑工程0.3%,安装工程0.6%。

(3)河道工程:建筑工程0.3%,安装工程0.5%。

3. 特殊地区施工增加费

特殊地区施工增加费指在高海拔、原始森林、沙漠等特殊地区施工而增加的费用,其中高海拔地区施工增加费已计入定额,其他特殊增加费应按工程所在地区规定标准计算,地方没有规定的不得计算此项费用。

4. 临时设施费

临时设施费按基本直接费的百分率计算。

(1)枢纽工程:建筑及安装工程3.0%。

(2)引水工程:建筑及安装工程1.8%~2.8%。若工程自采加工人工砂石料,费率取上限;若工程自采加工天然砂石料,费率取中值;若工程采用外购砂石料,费率取下限。

(3)河道工程:建筑及安装工程1.5%~1.7%。灌溉田间工程取下限,其他工程取中上限。

5. 安全生产措施费

安全生产措施费按基本直接费的百分率计算。

(1)枢纽工程:建筑及安装工程2.0%。

(2)引水工程:建筑及安装工程1.4%~1.8%。一般取下限标准,隧洞、渡槽等大型建筑物较多的引水工程、施工条件复杂的引水工程取上限标准。

(3)河道工程:建筑及安装工程1.2%。

6. 其他费用

其他费用按基本直接费的百分率计算。

(1)枢纽工程:建筑工程1.0%,安装工程1.5%。

(2)引水工程:建筑工程0.6%,安装工程1.1%。

(3)河道工程:建筑工程0.5%,安装工程1.0%。

特别说明:

(1)砂石备料工程其他直接费费率取0.5%。

(2)掘进机施工隧洞工程其他直接费取费费率执行以下规定:土石方类工程、钻孔灌浆及锚固类工程,其他直接费费率为2%~3%;掘进机由建设单位采购、设备费单独列项时,台时费中不计折旧费,土石方类工程、钻孔灌浆及锚固类工程其他直接费费率为4%~5%。敞开式掘进机费率取低值,其他掘进机费率取高值。

4.2.2.2 间接费

根据工程性质不同,间接费标准划分为枢纽工程、引水工程、河道工程三部分标准(见表4-4)。

表 4-4 间接费费率

序号	工程类别	计算基础	间接费费率(%)		
			枢纽工程	引水工程	河道工程
一	建筑工程				
1	土方工程	直接费	7	4~5	3~4
2	石方工程	直接费	11	9~10	7~8
3	砂石备料工程(自采)	直接费	4	4	4
4	模板工程	直接费	8	6~7	5~6
5	混凝土浇筑工程	直接费	8	7~8	6~7
6	钢筋制安工程	直接费	5	4	4
7	钻孔灌浆工程	直接费	9	8~9	8
8	锚固工程	直接费	9	8~9	8
9	疏浚工程	直接费	6	6	5~6
10	掘进机施工隧洞工程(1)	直接费	3	3	3
11	掘进机施工隧洞工程(2)	直接费	5	5	5
12	其他工程	直接费	9	7~8	6
二	机电、金属结构设备及安装工程	人工费	75	70	70

注:引水工程:一般取下限标准,隧洞、渡槽等大型建筑物较多的引水工程、施工条件复杂的引水工程取上限标准。
河道工程:灌溉田间工程取下限,其他工程取上限。

工程类别划分说明:

(1)土方工程。包括土方开挖与填筑等。

(2)石方工程。包括石方开挖与填筑、砌石、抛石工程等。

(3)砂石备料工程。包括天然砂砾料和人工砂石料的开采加工。

(4)模板工程。包括现浇各种混凝土时制作及安装的各类模板工程。

(5)混凝土浇筑工程。包括现浇和预制各种混凝土、伸缩缝、止水、防水层、温控措施等。

(6)钢筋制安工程。包括钢筋制作与安装工程等。

(7)钻孔灌浆工程。包括各种类型的钻孔灌浆、防渗墙、灌注桩工程等。

(8)锚固工程。包括喷混凝土(浆)、锚杆、预应力锚索(筋)工程等。

(9)疏浚工程。指用挖泥船、水力冲挖机组等机械疏浚江河、湖泊的工程。

(10)掘进机施工隧洞工程(1)。包括掘进机施工土石方类工程、钻孔灌浆及锚固类工程等。

(11)掘进机施工隧洞工程(2)。包括掘进机设备单独列项采购并且在台时费中不计折旧费的土石类工程、钻孔灌浆及锚固类工程等。

(12)其他工程。指除表4-4中所列11类工程外的其他工程。

4.2.2.3　利润

利润按直接费和间接费之和的7%计算。

4.2.2.4　税金

为了计算简便,在编制概算时,可按下列公式和税率计算:

$$税金=(直接费+间接费+利润+材料补差)\times计算税率 \tag{4-2}$$

注:若建筑、安装工程中含未计价装置性材料费,则计算税金时应计入未计价装置性材料费。

现行计算税率标准如下:建设项目在市区的3.48%,建设项目在县城镇的3.41%,建设项目在市区或县城镇以外的3.28%。国家多税率标准调整时,可以相应调整计算标准。

任务4.3　编制工程单价

4.3.1　编制土方工程单价

4.3.1.1　土方工程单价

土方工程包括土方开挖、土方填筑两大类。土方工程施工方法可分为机械施工和人力施工两种,后者适用工程数量较少的土方工程或地方水利工程。影响土方工程功效的主要因素有土的级别、取(运)土的距离、施工方法、施工条件、质量要求。因此,土方定额大多按上述影响功效的参数来划分节和子目,正确确定这些参数和合理使用定额是编制土方工程单价的关键。

1. 土方开挖

土方开挖由挖土、运土两个主要工序组成。

1)挖土

影响挖土工序功效的主要因素有以下几点:

(1)土的级别。从开挖的角度看土的级别越高,开挖的阻力越大,功效越低。

(2)设计要求的开挖形状。设计有形状的沟、渠、坑等会影响开挖的工效,尤其是当断面较小、深度较深时,机械开挖反而会降低其正常效率。因此,定额往往按沟、渠、坑等分节,各节再分别按其宽度、深度、面积等划分子目。

(3)施工条件。不良施工条件,如水下开挖、冰冻等都将严重影响开挖的工效。

2)运土

土方的运输包括集料、装土、运土、卸土场整理等工序。影响该工序的主要因素有以下几点:

(1)运土的距离。运土的距离越长,所需的时间也越长,但在一定起始范围内,不是直线反比关系,而是对数曲线关系。

(2)土的级别。从运输的角度看，土的级别越高，其密度(t/m^3)也越大。由于土石方都习惯采用体积作为单位，所以土的级别越高，运 1 m^3 的产量越低。

(3)施工条件。装卸车的条件、道路状况、卸土场的条件都影响运土的工效。

2. 土方填筑

水利工程的大坝、渠堤、道路、围堰等都有大量的土方要回填、压实。土方填筑主要由取土、压实两大工序组成。

1)取土

(1)料场覆盖层清理。根据填筑土料的质量要求，料场上的树木及表面覆盖的乱石、杂草及不合格的表土等必须予以清除。清除覆盖层时所需的人工、材料、机械台班(时)的数量和费用，应按相应比例摊入土方建筑单价内。

覆盖层清除摊销费 = 覆盖层清除总费用 / 设计成品方量
= 覆盖层清除单价 × 覆盖层清除量 / 设计成品方量
= 覆盖层清除单价 × 覆盖层清除摊销率 (4-3)

(2)土料开采运输。土料的开采运输，应根据工程规模，尽量采用大料场、大设备，以提高机械生产效率、降低土料成本。土料开采单价的编制与土方开挖、运输单价相同，只是当土料含水量不符合规定时将增加处理费用，同时考虑土料的损耗和体积变化因素。

(3)土料处理费用计算。当土料的含水量不符合规定标准时，应先采取挖排水沟、扩大取土面积、分层取土等施工措施。如仍不能满足设计要求，则应采取降低含水量(翻晒、分区集中堆存等)或加水处理措施。

(4)土料损耗和体积变化。土料损耗包括开采、运输、雨后清理、削坡、沉陷等的损耗，以及超填和施工附加量。体积变化是指设计干密度和天然干密度之间的不同。如设计要求的坝体设计干密度为 1.65 t/m^3，而天然干密度为 1.403 t/m^3，则折实系数为 $1.65/1.403 = 1.176$，即该设计要求 1 m^3 坝体的实方，需 1.176 m^3 自然方才能满足。从定额(或单价)的意义来讲，土方开挖、运输的人工、材料、机械台班(时)的数量(或单价)应扩大 1.176 倍。现行概算定额中，已计入了各项施工损耗、超填及施工附加量，体积变化也已在定额中考虑。此时，可根据不同施工方式的相应定额，按下式计算取土备料和运输土料的定额数量：

成品实方定额数 = 自然方定额数 × $(1 + A)$ × 设计干容量 / 天然干容量 (4-4)

式中：A 为综合系数(%)，包括开采、上坝运输、雨后清理、边坡削坡、接缝削坡、施工沉陷、实验坑和不可避免的压坏、超填及施工附加量等损耗因素。综合系数 A 可根据不同施工方法与坝型和坝体填料按定额规定选取。

2)压实

土方压实的常用施工方法及压实机械有：

(1)碾压法：靠碾磙本身重量的作用，使土粒相互移动而达到密实。采用羊足碾、气胎碾、平碾等机械，适用范围较广。

(2)夯实法：靠夯体下落的重力作用，使土粒位置重新排列而达到密实。采用打夯机(人力打夯时，采用木石夯、石硪等工具)。适用于无黏性土，能压实较厚土层，所需工作面较小。

(3)振动法:借助于振动机械的振动作用,使土粒发生相对位移而得到压实。主要机械为振动碾。适用于无黏性土和砂砾石等土质及设计干密度要求较高的情况。

影响压实工效的主要因素有土(石)料种类、级别、设计要求、碾压工作面等。土方压实定额大多按这些影响因素划分节、子目。

(1)土石种类、级别。土料种类一般有土料、砂砾料、土石渣料等。土料的种类、级别对土方压实工效有较大影响。

(2)设计要求。设计对建筑的质量要求主要反映在压实后的干密度。干密度的高低直接影响到碾压参数(如铺土厚度、碾压次数),也直接影响压实工序的工效。

(3)碾压工作面。较小的碾压工作面(如反滤体、堤等)使机械不能正常发挥机械效率。

3. 计算土方工程单价要注意的问题

土方工程,尽量利用开挖出的渣料用于填筑工程,对降低工程造价十分有利,但在计算工程单价时,要注意以下问题:

(1)对于开挖料直接运至填筑工作面的,以开挖为主的工程,出渣运输宜计入开挖单价;对以填筑为主的工程,宜计入填筑工程单价中。但一定要注意,不得在开挖和填筑单价中重复或遗漏计算土方运输工序单价。

(2)在确定利用料数量时,应充分考虑开挖和填筑在施工进度安排上的时差,一般不可能完全衔接,二次转运(开挖料卸至某堆料场,填筑时再从某堆料场取土)是经常发生的。对于需要二次转运的,土方出渣运输、取土运输应分别计入开挖和填筑工程单价中。

(3)要注意开挖与填筑的单位不同,前者是自然方,后者是压实方,故要计入前述的体积变化和各种损耗。

4.3.1.2　土方工程单价编制示例

【例 4-1】　重庆市永川区山区枢纽工程基坑采用 1 m^3 液压挖掘机挖装 10 t 自卸汽车运输,运距 1 km,Ⅱ类土,已知本工程柴油预算价格 5.5 元/kg,其他直接费费率 7%,间接费费率取 7%,利润率取 7%,税率取 3.28%,求基坑开挖概算单价。

解:(1)计算机械台时费。查《水利工程施工机械台时费定额》:1 m^3 液压挖掘机台时费一类费用小计为 63.27 元/台时,机上人工 2.7 工时,消耗柴油 14.9 kg/台时。59 kW 推土机一类费用小计为 24.31 元/台时,机上人工 2.4 工时,消耗柴油 8.4 kg/台时。10 t 自卸汽车台时费一类费用小计为 48.79 元/台时,机上人工 1.3 工时,消耗柴油 10.8 kg/台时。

①1 m^3 液压挖掘机台时费基价 $=63.27+2.7\times8.90+14.9\times3.5=139.45$(元/台时)

②59 kW 推土机台时费基价 $=24.31+2.4\times8.90+8.4\times3.5=75.07$(元/台时)

③10 t 自卸汽车台时费基价 $=48.79+1.3\times8.90+10.8\times3.5=98.16$(元/台时)

(2)计算基坑开挖概算单价。查《水利建筑工程概算定额》(2002)1 m^3 挖掘机挖土自卸汽车运输一节,定额子目[10616],具体计算过程见表 4-5。

表 4-5 建筑工程单价表

单价编号		项目名称	土方挖运		
定额编号	10616			定额单价	100 m^3
施工方法	1 m^3 液压挖掘机Ⅱ类土,10 t 自卸汽车运输 1 km				
序号	项目	单位	数量	单价(元)	合价(元)
一	直接费	元			855.56
1	基本直接费	元			799.59
(1)	人工费	元			38.62
	初级工	工时	6.3	6.13	38.62
(2)	材料费	元			30.75
	零星材料费	%	4	768.84	30.75
(3)	机械使用费	元			730.22
	液压挖掘机 1 m^3	台时	0.95	139.45	132.48
	推土机 59 kW	台时	0.47	75.07	35.28
	自卸汽车 10 t	台时	5.73	98.16	562.46
2	其他直接费	%	7	799.59	55.97
二	间接费	%	7	855.56	59.89
三	利润	%	7	915.45	64.08
四	材料补差	元			159.98
	柴油	kg	14.9×0.95+8.4×0.47+10.8×5.73=79.99	5.5−3.5=2	159.98
五	税金	%	3.28	1 139.51	37.38
六	合计	元			1 176.89
七	单价	元/m^3			11.77

4.3.2 编制石方工程单价

4.3.2.1 石方工程单价

水利工程建设项目的石方工程数量很大,且多为基础和洞井工程,尽量采用先进技术,合理安排施工,减少二次出渣,充分利用石渣作块石、碎石原料等,对加快工程进度、降低工程造价有重要意义。

石方工程单价包括开挖、运输和支护等工序的费用,开挖及运输均以自然方为计算单位。

1. 石方开挖

1）石方开挖分类

石方开挖分为一般石方、一般坡面石方、沟槽石方、坑挖石方、基础坡面石方、平洞石方、斜井石方、竖井石方等。按施工方法分为风钻钻孔开挖、潜孔钻钻孔开挖、液压履带钻钻孔开挖等。

2）影响开挖工序的因素

开挖工序由钻孔、装药、爆破、翻渣、清理等工序组成。影响开挖工序的主要因素有以下几点：

（1）岩石级别。岩石按其成分、性质划分级别，现行部颁定额将岩、土划分成 16 级，其中Ⅴ到ⅩⅥ级为岩石。岩石级别越高，其强度越高，钻孔的阻力越大，钻孔效率越低。岩石级别越高，对爆破的抵抗能力也越大，所需炸药也越多。所以，岩石级别是影响开挖的主要元素之一。

（2）设计对开挖形状及开挖面的要求。设计对有形状要求的开挖，如沟、槽、坑、洞、井等，其爆破系数（每平方米工作面上的炮孔数）较没有形状要求的一般石方开挖要大得多，对于小断面的开挖尤其明显。爆破系数越大，爆破效率越低，耗用爆破器材（炸药、雷管、导线）也越多。设计对开挖形状及开挖面的要求，也是影响开挖工序的主要因素。因此，石方开挖定额大多按开挖形状及部位分节，各节再按岩石级别分子目。

3）现行部颁定额分节简介

一般石方开挖：一般明挖石方、底宽超过 7 m 的沟槽石方、上口面积大于 160 m^2 的坑挖石方，以及倾角小于或等于 20°并垂直于设计开挖面的平均厚度大于 5 m 的坡面石方等开挖工程。

一般坡面石方开挖：倾角大于 20°，垂直于设计开挖面的平均厚度小于或等于 5 m 的石方开挖工程。这是由于坡度大、开挖层薄时要影响工效，且未含保护层的因素，故坡面石方开挖应单列项目。

沟槽石方开挖：底宽小于或等于 7 m，两侧垂直或有边坡的长条形石方开挖工程，如沟渠、排水沟、地槽、截水槽等。

坡面沟槽石方开挖：槽底轴线与水平夹角大于 20°的沟槽石方开挖工程。

坑挖石方：上口面积小于或等于 160 m^2，深度小于或等于上口短边长度（或直径）的石方开挖工程，如基座基础、墩柱基础、混凝土基坑、集水坑等。

基础石方开挖：不同开挖深度的基础石方开挖工程。如混凝土坝、水闸、厂房、溢洪道、消力池等不同开挖深度的基础石方开挖工程。

平洞石方开挖：水平夹角小于或等于 6°的洞挖工程。

斜井石方开挖：水平夹角为 6° ~ 75°的井挖工程。定额适用水平夹角为 45° ~ 75°的井挖工程、水平夹角为 6° ~ 45°的斜井，按斜井石方开挖定额乘以 0.9 系数计算。

竖井石方开挖：水平夹角大于 75°、上口面积大于 5 m^2、深度大于上口短边长度（或直径）的洞挖工程。如调压井、闸门井等。

地下厂房石方开挖：地下厂房或窑洞式厂房的开挖工程。

2. 石方运输单价

石方运输定额计量单位为自然方。石方运输定额与土方运输定额相似，都按照装运方法和运距等划分节和子目。

石方运输分为露天运输和洞内运输。洞内运距按工作面长度的1/2计算，当一个工程有几个弃渣场时，可按弃渣量比例计算加权平均运距。编制石方运输单价时，当有洞内外连续运输时，应分别套用不同的定额子目。洞内运输部分，套用"洞内"运输定额的"基本运距"和"增运"子目；洞外运输部分，套用"露天"运输定额的"增运"子目，且选用运输机械的台时使用量。

编制概算单价时，将石方运输基本直接费代入开挖定额中，便可计算石方开挖综合单价。

3. 使用现行概算定额编制开挖单价时的注意事项

(1)石方开挖各节定额中，均包括了允许的超挖量和合理的施工附加量，使用本定额时，不得在工程量计算中另行计取超挖量和施工附加量。

(2)各节石方开挖定额，均已按各部位的不同要求，根据规范的规定，分别考虑了保护层开挖等措施，编制概算单价时一律不做调整。

(3)石方开挖定额中的其他材料费，包括脚手架、排架、操作平台、棚架、漏斗等的搭拆摊销费，冲击器、钻杆、空心钢的摊销费，炮泥、燃香、火柴等次要材料费。

(4)洞井石方开挖定额中的通风机台时量按一个工作面长度400 m拟定。如工作面长度超过400 m，应按表4-6所示(用插值法计算)系数调整通风机台时定额量。

表4-6 通风机调整系数

工作面长度(m)	系数	工作面长度(m)	系数	工作面长度(m)	系数
400	1.00	1 000	1.80	1 600	2.50
500	1.20	1 100	1.91	1 700	2.65
600	1.33	1 200	2.00	1 800	2.78
700	1.43	1 300	2.15	1 900	2.90
800	1.50	1 400	2.29	2 000	3.00
900	1.67	1 500	2.40		

4.3.2.2 石方工程单价示例

【例4-2】 重庆某枢纽工程地处一类工资区，一般石方开挖，采用手风钻钻孔爆破，2 m^3 挖掘机装10 t自卸汽车运输1 km弃渣，岩石级别为XI级，其他直接费费率取7%，间接费费率取11%，利润率取7%，税率取3.28%，求该石方工程概算综合开挖单价。

已知：材料预算单价合金钻头50元/个，炸药4.6元/kg，雷管0.8元/个，导电线0.5元/m。风价0.09元/m^3，水价0.72元/m^3，柴油预算价格5.5元/kg。

手持式风钻机：一类费用2.43元，风180.1 m^3，水0.3 m^3。

挖掘机液压2 m^3：一类费用147.3元，人工2.7工时，柴油20.2 kg。

推土机88 kW：一类费用56.85元，人工2.4工时，柴油12.6 kg。

自卸汽车 10 t：一类费用 48.79 元，人工 1.3 工时，柴油 10.8 kg。

解：(1) 计算石渣运输工程单价(只计算基本直接费)。查《水利建筑工程概算定额》(2002)2 m^3 挖掘机装石渣汽车运输一节，定额子目[20468]，具体计算过程见表 4-7。

表 4-7　建筑工程单价

单价编号		项目名称	石方运输		
定额编号	20468		定额单价	100 m^3	
施工方法	2 m^3 挖掘机装 10 t 自卸汽车运输 1 km 弃渣				
序号	项目	单位	数量	单价(元)	合价(元)
1	基本直接费	元			1 438.8
(1)	人工费	元			65.08
	初级工	工时	10.2	6.38	65.08
(2)	材料费	元			28.21
	零星材料费	%	2	1 410.59	28.21
(3)	机械使用费	元			1 345.51
	挖掘机　2 m^3	台时	1.53	242.71	371.35
	推土机　88 kW	台时	0.77	122.91	94.64
	自卸汽车　10 t	台时	8.93	98.49	879.52
合计		元			1 438.8

(2) 计算综合开挖单价。查《水利建筑工程概算定额》(2002) 一般石方开挖——风钻钻孔一节，定额子目[20003]，具体计算过程见表 4-8。

表 4-8　建筑工程单价表

单价编号		项目名称			石方开挖
定额编号	20003	定额单位			100 m^3
施工方法	一般石方开挖，风钻钻孔，岩石级别XI级				
编号	名称及规格	单位	数量	单价(元)	合价(元)
一	直接费	元			3 361.09
1	基本直接费	元			3 141.21
(1)	人工费	元			848.95
	工长	工时	2.5	11.8	29.5
	中级工	工时	27.5	9.15	251.63
	初级工	工时	89	6.38	567.82
(2)	材料费	元			517.08
	合金钻头	个	2.56	50	128

续表 4-8

编号	名称及规格	单位	数量	单价(元)	合价(元)
	炸药	kg	41	4.6	188.6
	雷管	个	37	0.8	29.6
	导线 电线	m	184	0.5	92
	其他材料费	%	18	438.2	78.88
(3)	机械使用费	元			278.62
	风钻 手持式	台时	13.43	18.86	253.29
	其他机械费	%	10	253.29	25.33
(4)	石渣运输	m^3	104	14.39	1 496.56
2	其他直接费	%	7	3 141.21	219.88
二	间接费	%	11	3 361.09	369.72
三	利润	%	7	3 730.81	261.16
四	材料补差	元			285.06
	柴油	kg	$(1.53\times20.2+0.77\times12.6+10.8\times8.93)\times1.04=142.53$	$5.5-3.5=2$	285.06
五	税金	%	3.28	4 277.03	140.29
六	合计	元			4 417.32
七	单价	元/m^3			44.17

4.3.3 编制堆砌石工程单价

堆砌石工程包括堆石、砌石、抛石等。因其能就地取材、施工技术简单、造价低而在我国应用较普遍。

堆石坝填筑受气候影响小,能大量利用开挖石渣筑坝,利于大型机械作业,工程进度快、投资省。随着设计理论的发展、施工机械化程度的提高和新型压实机械的采用,国内外的堆石坝从数量和高度上都有了很大的进展。

堆石坝施工主要为备料作业和坝上作业两部分。

(1)备料作业。指堆石料的开采运输,石料开采前先清理料场覆盖层,开采时一般采用深孔阶梯微差挤压爆破。缺乏大型钻孔设备,又要大规模开采时,也可进行洞石大爆破。要重视堆石料级配,按设计要求控制坝体各部位的石料粒(块)径,以确保堆石体的密实程度。

石料运输同土方填筑。由于堆石坝的铺填厚度大,填筑强度高,挖运应尽可能采用大容量、大吨位的机械。挖掘机或装载机装自卸汽车运输直接上坝是目前最为常用的一种堆石坝施工方法。

(2)坝上作业。包括基础开挖处理、工地场地准备、铺料、填筑等。堆石铺填厚度，视不同碾压机具，一般为0.5～1.5 m。振动碾是堆石坝的主要压实机械，一般为3.5～17 t。碾压遍数视机具及厚度通过压实试验确定，一般为4～10遍。碾压时，为使填筑料足够湿润、提高压实效率，需加水浇洒，加水量通常为堆料方量的20%～50%。

4.3.3.1　堆石坝填筑料单价

随着施工技术的不断发展，堆石坝在水利工程中所占比例越来越大，合理编制堆石坝填筑单价显得尤为重要。堆石坝填筑可分为石料开采、运输、压实等工序，编制工程单价时，采用单项定额计算各工序单价，然后编制填筑综合单价。

1. 填筑料单价

堆石坝物料按其建筑部位的不同，分为反滤料区、过渡滤料区和堆石区等，需分别列项计算。编制填筑料单价时，可将料场覆盖层（包括无效层）清除等辅助项目费用摊入开采单价中形成填筑料单价。其公式为

$$\text{填筑料单价}=\frac{\text{覆盖层清除费用}}{\text{填筑料总方量(自然方或成品堆方)}}+\text{填筑料开采单价(自然方或成品堆方)} \tag{4-5}$$

式中，覆盖层清除费用可按施工方法套用土方和石方工程相应定额计算。

填筑料开采单价计算可分为以下两种情况：

(1)填筑料不需加工处理。对于堆石料，其单价可按砂石备料工程碎石原料开采定额计算，计算单价为堆方；对于天然砂石料，可按土方开挖砂砾(卵)石采运定额(按Ⅳ类土计)计算填筑料挖运单价，计量单位为自然方。

(2)填筑料需加工处理。这类堆石料一般对粒径有一定的要求，其开采单价是指在石料场堆存点加工为成品堆方的单价，可参照本书项目3中砂石料单价所述方法计算，计算单位为成品堆方。对有级配要求的反滤料和过渡料，应按砂及碎(卵)石的数量和组成比例，采用综合单价。

利用基坑等开挖弃渣作为堆石料时，不需计算备料单价，但需计算上坝运输费用。

2. 填筑料运输单价

填筑料运输单价是指从砂石料开采或成品堆料场装车并运输上坝至填筑工作面的工序单价，包括装车、运输上坝、卸车、空回等费用。从石料场开采堆石料(碎石原料)直接上坝，运输单价套用砂石备料工程碎石原料运输定额计算，计量单位为堆方；利用基坑等开挖石渣作为堆石料时，运输单价采用石方开挖工程石渣运输定额计算，计量单位为自然方；自成品供料场上坝的物料运输，采用砂石备料工程定额相应子目计算运输单价，计量单位为成品堆方，其中反滤料运输采用骨料运输定额。

3. 堆石坝填筑单价

堆石坝填筑以建筑成品石方计。填筑料压实定额是按碾压机械和分区材料划分节和子目。对过渡料如无级配要求，可采用砂砾石定额子目；如有级配要求需经筛分处理，则采用反滤料定额子目。

《水利建筑工程概算定额》堆石坝物料压实定额按自料场直接运输上坝与自成品供

料运输上坝两种情况分部编制，应根据施工组织设计方案正确选用定额子目。

(1)自料场直接运输上坝。砂石料压实定额，列有“砂石料运输(自然方)”项，适用于不需加工就可直接装运上坝的天然砂石料和利用基坑开挖的石渣料等的填筑，在编制填筑工程单价时，只需将物料的装运基本直接费(对天然砂砾料，包括覆盖层清除摊销费)计入压实定额的“砂石料运输”项，即可根据压实定额编制堆石坝填筑的综合概算单价。

(2)自成品供料场运输上坝。砂石料压实定额，列有“砂砾料、堆石料等”项和“砂石料运输(堆方)”项，适用于需开采加工为成品料后再运输上坝的物料(如反滤料、砂石料、堆石料等)填筑，在编制填筑单价时，将砂石料、堆石料等填筑料单价(或外购填筑料单价)，以及自成品供料场运输至填筑部位的砂石料运输基本直接费单价，分别代入堆石坝物料压实定额，计算堆石坝填筑的综合概算单价。

4. 编制堆石坝填筑单价应注意的问题

(1)《水利建筑工程概算定额》土石坝物料压实已计入了从石料开采到上坝运输、压实过程中所有的损耗及超填、施工附加量，编制概(估)算单价时不得加计任何系数。如为非土石坝、堤的一般土料、砂石料压实，其人工、机械定额乘以系数0.8。

(2)《水利建筑工程概算定额》反滤料压实定额中的砂和碎石的数量和组成比例，可按设计资料进行调整。

(3)编制土石坝填筑综合概算单价时，根据定额相关子目计算的物料运输上坝直接乘以坝面施工干扰系数1.02后代入压实单价。

为了节省工程投资、降低工程造价、提高投资效益，在编制坝体填筑单价时，应考虑利用枢纽建筑物的基础或其他工程开挖出渣料直接上坝的可能性。其利用比例可根据施工组织设计安排的开挖与填筑进度的衔接情况合理确定。

4.3.3.2 砌筑工程

水利工程中的护坡、墩墙、涵洞等均常用块石、条石或料石砌筑。

砌石工程单价包括砌石材料单价和砌筑单价两部分。

1. 砌石材料单价

1)砌石料的分类

碎石指经破碎、加工分级后粒径大于5 mm的石块。

卵石指最小粒径大于20 cm的天然河卵石。

块石指厚度大于20 cm，长、宽、高各为厚度2～3倍，上下路两平面大致平行并大致平整，无尖角、薄边的石块。

片石指厚度大于15 cm，长、宽、高各为厚度的3倍以上，无一定规则形状的石块。

毛条石指一般长度大于60 cm的长条形四棱方正石料。

料石指毛条石经过修边打荒加工、外露面方正、各相邻面正交、表面凸凹不超过10 mm的石料。

砂砾料指天然砂卵石混合料。

堆石料指山场岩石经爆破后无一定规则、无一定大小的任意石料。

反滤料、过渡料指土石坝或一般堆砌石工程的防渗体与坝壳(土料、砂砾料或堆石料)之间的过渡区石料,由粒径、级配均有一定要求的砂、砾石(碎石)等组成。

2)土石方松实系数换算

砌石工程所用石料均按材料计算,其计量单位视石料种类而异。对砂、碎石、堆石料按堆方计;对块石和卵石按码方计;对条石、料石按清料方计。如无实测资料,不同计量单位间体积换算关系可参考表4-9。

表4-9　土石方松实系数换算表

项目	自然方	松方	实方	码方	备注
土方	1	1.33	0.85		
石方	1	1.53	1.31		
砂方	1	1.07	0.94		
混合料	1	1.19	0.88		
块石	1	1.75	1.43	1.67	包括片石、大卵石

注:1. 松实系数是指土石料体积的比例关系,供一般土石方工程换算时参考。
2. 块石实方指堆石坝坝体方,块石松方即块石堆方。

3)石料单价

各种石料作为材料在计算其单价时分三种情况:第一种是施工企业自采石料,其基本直接费单价计算按项目3所述方法计算;第二种是外购石料,其单价按项目3材料预算价格编制;第三种是从开挖石渣中捡集块石、片石,此时石料单价只计入人工捡集块石费用(概预算定额中均有人工捡集块石定额)及从捡集石料地点到施工现场堆放点的运输费用。

2. 砌筑单价

砌筑单价根据设计确定的砌体形式和施工方法、套用相应定额。砌石工程分为干砌石、浆砌石、铺筑砂垫层等,其主要内容包括选石、修石、砌筑等。对于干砌石,只需将砌石材料单价代入砌筑定额,便可编制砌筑工程单价。对于浆砌石,将石料、砂浆半成品的价格代入砌筑定额即可编制浆砌石工程单价。

4.3.3.3　堆砌石工程单价示例

【例4-3】　重庆某水电挡水工程为黏土心墙堆石坝,坝长2 000 m,心墙设计工程量160万m^3,设计干密度16.67 kN/m^3,涂料含水量为25%,天然干密度15.19 kN/m^3,土壤级别为Ⅲ类土。试求黏土心墙的概算单价(此题不考虑材料补差计算)。

已知:(1)土料挖运采用1 m^3挖掘机挖装10 t自卸汽车运输,料场中心距左坝肩2 km,土料运输压实采用16 t轮胎碾。

(2)人工预算工资,初级工6.13元/工时,中级工8.90元/工时,电价1元/kWh,1 m^3液压挖掘机500.69元/台时,59 kW推土机122.31元/台时,74 kW推土机101.13元/台时,10 t自卸汽车213.21元/台时,9~16 t轮胎碾74 kW拖拉机106.85元/组时,2.8 kW蛙式打夯机21.48元/台时,刨毛机66.88元/台时。

(3)其他直接费费率7%,间接费费率7%,利率7%,税率3.28%。

解:(1)计算土料运输基本直接费。由于坝长2 000 m,故自卸汽车平均运距为3 km。

查《水利建筑工程概算定额》(2002)1 m^3 挖掘机挖土自卸汽车运输一节，定额子目[10624]，具体计算过程见表4-10。

表4-10 建筑工程单价表

单价编号		项目名称	土方填筑		
定额编号	10624	定额单位	100 m^3		
施工方法	1 m^3 挖掘机挖装10 t自卸汽车运输3 km上坝				
序号	项目	单位	数量	单价(元)	合价(元)
1	基本直接费	元			2 761.05
(1)	人工费	元			42.91
	初级工	工时	7	6.13	42.91
(2)	材料费	元			106.19
	零星材料费	%	4	2 654.86	106.19
(3)	机械费	元			2 611.95
	挖掘机 液压1 m^3	台时	1.04	500.69	520.72
	推土机 59 kW	台时	0.52	122.31	63.6
	自卸汽车 10 t	台时	9.51	213.21	2 027.63

(2)计算土料填筑单价。土料运输还应乘以坝面施工干扰系数1.02和体积转换以及损耗系数1.26。查《水利建筑工程概算定额》(2002)土石坝物料压实一节，定额子目[30079]，具体计算过程见表4-11。

表4-11 建筑工程单价表

单价编号		项目名称	土方填筑		
定额编号	30079	定额单位	100 m^3 压实方		
施工方法	9～16 t轮胎碾压实				
序号	项目	单位	数量	单价(元)	合价(元)
一	直接费	元			4 239.08
1	基本直接费	元			3 961.76
(1)	人工费	元			142.22
	初级工	工时	23.2	6.13	142.22
(2)	材料费	元			37.58
	零星材料费	%	10	375.75	37.58

续表 4-11

序号	项目	单位	数量	单价(元)	合价(元)
(3)	机械费	元			233.52
	轮胎碾 9~16 t 拖拉机 74 kW	组时	1.08	106.85	115.40
	推土机 74 kW	台时	0.55	101.13	55.62
	蛙式打夯机 2.8 kW	台时	1.09	21.48	23.41
	刨毛机	台时	0.55	66.88	36.78
	其他机械费	%	1	231.21	2.31
(4)	土料运输(自然方)	m^3	126	27.61×1.02	3 548.44
2	其他直接费	%	7	3 961.76	277.32
二	间接费	%	7	4 239.08	296.74
三	利润	%	7	4 535.82	317.51
四	材料补差	元			
	柴油	kg			
五	税金	%	3.28	4 853.33	159.19
六	合计	元			5 012.52
七	单价	元/m^3 压实方			50.13

【例 4-4】 重庆武隆县某堆石坝地处一类工资区,试编制堆石料填筑综合单价。料场堆石开采采用 150 型潜孔钻钻孔,深孔爆破,岩石为Ⅺ级,用 5 m^3 装载机装 25 t 自卸汽车运输上坝,运距 4 km,采用 14 t 振动碾压实(此题不考虑材料补差)。人工、材料和机械价格见表 4-12~表 4-14。

解:(1)计算堆石料单价。由题意知,石料来自采石场,直接运输上坝,不需破碎分级。查《水利建筑工程概算定额》(2002)第六章碎石原料开采一节,计算堆石料开采直接费,计算过程见表 4-12。

表 4-12 建筑工程单价表

单价编号			项目名称	堆石料	
定额编号	60100		定额单位	100 m^3 堆方	
施工方法	碎石原料开采(150 型潜孔钻钻孔,深孔爆破)岩石级别Ⅺ				
编号	名称及规格	单位	数量	单价(元)	合价(元)
1	基本直接费	元			2 864.30
(1)	人工费	元			204.22

续表 4-12

编号	名称及规格	单位	数量	单价(元)	合价(元)
	工长	工时	0.9	11.55	10.40
	中级工	工时	6.9	8.9	61.41
	初级工	工时	21.6	6.13	132.41
(2)	材料费	元			2 146.95
	炸药	kg	45	6	270
	火雷管	个	12	0.6	7.2
	电雷管	个	5	0.6	3
	潜孔钻钻头 150 型	个	0.08	180	14.4
	冲击器 DH6	套	0.01	1	0.01
	导火线	m	26	1	26
	导电线	m	44	35	1 540
	合金钻头	个	0.18	35	6.3
	其他材料费	%	15	1 866.91	280.04
(3)	机械费	元			513.13
	风钻 手持式	台时	2.02	29.9	60.40
	潜孔钻 150 型	台时	1.82	223.12	406.08
	其他机械费	%	10	466.48	46.65

(2)计算堆石料运输单价。查《水利建筑工程概算定额》第六章计算碎石原料运输基本直接费,计算过程见表 4-13。

表 4-13 建筑工程单价表

单价编号			项目名称		堆石料
定额编号	60365		定额单位		土石料运输
施工方法	5 m^3 装载机装 25 t 自卸汽车运输上坝 4 km(运碎石原料)				
编号	名称及规格	单位	数量	单价(元)	合价(元)
1	基本直接费	元			829.31
(1)	人工费	元			16.55
	初级工	工时	2.7	6.13	16.55
(2)	材料费	元			16.26
	零星材料费	%	2	813.05	16.26
(3)	机械费	元			796.50
	装载机 轮胎式 5 m^3	台时	0.5	184.04	92.02
	推土机 132 kW	台时	0.25	143.01	35.75
	自卸汽车 25 t	台时	4.41	151.64	668.73

(3)计算堆石料填筑概算单价。选用《水利建筑工程概算定额》(2002)第三章土石坝料物压实一节,自成品供料场运输上坝子目,定额编号[30089],将堆石料及堆石料运输价格代入压实定额,可计算堆石料填筑概算单价,计算过程见表 4-14。

表 4-14　建筑工程单价表

单价编号		项目名称		堆石料压实	
定额编号	30089		定额单位		100 m^3 实方
施工方法	推平、刨平、压实、削坡、洒水、补夯边及坝面各种辅助工作				
编号	名称及规格	单位	数量	单价(元)	合价(元)
一	直接费	元			5 302.34
1	基本直接费	元			4 932.41
(1)	人工费	元			120.76
	初级工	工时	19.7	6.13	120.76
(2)	材料费	元			3 638.71
	堆石料	m^3	121	28.64	3 465.44
	其他材料费	%	5	3 465.44	173.27
(3)	机械使用费	元			149.79
	推土机　74 kW	台时	0.55	101.13	55.62
	拖拉机履带式　74 kW	台时	0.26	77.58	20.17
	振动碾　13～14 t	台时	0.26	188.89	49.11
	蛙式夯实机　2.8 kW	台时	1.09	21.48	23.41
	其他机械费	%	1	148.31	1.48
(4)	堆石料运输	m^3 堆方	121	8.29×1.02	1 023.15
2	其他直接费	%	7.5	4 932.41	369.93
二	间接费	%	11	5 302.34	583.26
三	利润	%	7	5 885.6	411.99
四	材料补差	元			
	炸药	kg			
	柴油	kg			
五	税金	%	3.28	6 297.59	206.56
六	合计	元			6 504.15
七	单价	元/m^3 实方			65.04

4.3.4 编制混凝土工程单价

4.3.4.1 混凝土工程单价编制

混凝土具有强度高、抗渗性好、耐久等优点，在水利工程建设中应用十分广泛，混凝土工程投资在工程总投资中占有很大的比重。混凝土工程包括现浇混凝土、预制混凝土、碾压混凝土和沥青混凝土，此外还有钢筋制作安装、锚筋、锚喷、伸缩缝、止水、防水层、温控措施等项目。

1. 现浇混凝土单价

现浇混凝土由混凝土拌制、运输、浇筑等工序单价组成。在混凝土浇筑定额各节子目中，均列有"混凝土""混凝土拌制""混凝土运输"的数量，在编制混凝土工程单价时，应先根据定额子目计算"混凝土拌制""混凝土运输"基本直接费单价，再将其分别代入混凝土浇筑定额中计算混凝土工程单价。

1）混凝土材料单价

混凝土材料单价是指按级配计算的砂、石、水泥、水、掺合料及外加剂等每 1 m^3 混凝土的材料费用的价格。不包括拌制、运输、浇筑等工序的人工、材料和机械的费用，也不包含除搅拌损耗外的施工操作损耗及超填量等。（编制方法详见项目 3 任务 3.5，此处不再重复）

2）混凝土拌制单价

混凝土的拌制包括配料、运输、搅拌、出料等工序。混凝土搅拌系统布置视工程规模大小、工期长短、混凝土数量多少，以及地形位置条件、施工技术要求和设备拥有情况，采用简单的混凝土搅拌站（一台或数台搅拌机组成），或设置规模较大的搅拌系统（由搅拌楼和骨料、水泥系统组成的一个或数个系统）。一般定额中，混凝土拌制所需人工、机械都已在浇筑定额的相应项目中体现。如浇筑定额中未列混凝土搅拌机械，则需套用拌制定额编制混凝土拌制单价。

3）混凝土运输单价

混凝土运输是指混凝土自搅拌机（楼）出料口至浇筑现场工作面的运输，是混凝土工程施工的一个重要环节，包括水平运输和垂直运输两部分。由于混凝土拌制后不能久存，运输过程又对外界影响十分敏感，工作面大，涉及面广，故常成为制约施工进度和工程质量的关键。

水利工程常采用多种运输设备相互配合的运输方案。不同的施工阶段，不同的浇筑部位，可能采用不同的运输方式。在大体积混凝土施工中，垂直运输常起决定性作用。定额编制时，将混凝土水平运输和垂直运输单列章节，以供灵活选用。

使用现行概算定额时需注意以下几点：

（1）由于混凝土入仓与混凝土垂直运输这两道工序，大多采用同一机械连续完成，很难分开，因此在一般情况下，大多将混凝土垂直运输并入混凝土浇筑定额内，使用时不要重复计列混凝土垂直运输。

（2）各节现浇混凝土定额中"混凝土运输"的数量，已包括完成每一定额单位有效实体所需要增加的超填量和施工附加量等的数量。为统一表现形式，编制概算单价时，一般应根据施工设计选用的运输方式，按混凝土运输数量乘以每立方米混凝土运输基本直接费计入综合单价。

4）混凝土浇筑单价

混凝土的浇筑主要工序包括基础面清理、施工缝处理、入仓、平仓、振捣、养护、凿毛等。

影响浇筑工序的主要因素有仓面面积、施工条件等。仓面面积大，便于发挥人工及机械效率，功效高。施工条件对混凝土浇筑工序的影响很大，例如隧洞混凝土浇筑的入仓、平仓、振捣的难度较露天浇筑混凝土要大得多，工效也低得多。

现行混凝土浇筑定额中包括浇筑和工作面运输（不含浇筑现场垂直运输）所需全部人工、材料和机械的数量。平洞、竖井、地下厂房、渠道等混凝土衬砌定额中所列示的开挖断面和衬砌厚度按设计尺寸选取。定额与设计厚度不符，可用插入法计算。

混凝土定额中的"混凝土"，是指完成单位产品所需的混凝土成品量，其中包括干缩、运输、浇筑和超填等损耗量在内。

以上介绍的是现浇常规混凝土。碾压混凝土在工艺和工序上与常规混凝土不同，碾压混凝土的主要工序有刷毛、冲洗、清仓、铺水泥砂浆、模板制作、安装、拆除、修整、混凝土配料、拌制、运输、平仓、碾压、切缝、养护等，与常规混凝土有较大差异，故定额中碾压混凝土单独成节。

5）混凝土温控措施费用计算

在水利工程中，为防止拦河坝等大体积混凝土由于温度应力而产生裂缝和坝体接缝灌浆后接缝再度开裂，根据现行设计规程、混凝土设计及施工规范的要求，高、中拦河坝等大体积混凝土工程的施工都必须进行混凝土温控设计，提出温控标准和降温防裂措施。根据不同地区的气温条件、不同坝体结构的温控设计，不同工程的特定施工条件及建筑材料的要求等综合因素，分别采取风或水预冷骨料，加冰或加冷水拌制混凝土，对坝体混凝土进行一、二期通水冷却及表面保护等措施。

温控措施单价的计算：包括风或水预冷骨料、制片冰、制冷水，坝体混凝土一、二期通水冷却和坝体混凝土表面保护等温控措施单价。一般可按各系统不同温控要求所配置设备的台班（时）总费用除以相应系统的台班（时）净产量计算，从而可得各种温控措施的费用单价。当计算条件不具备或计算困难时，亦可参照《水利建筑工程概算定额》（2002）附录11"混凝土温控费用计算参考资料"计算。

混凝土温控措施综合费用的计算：可按每立方米坝体或大体积混凝土应摊销的温控费计算。根据不同温控要求，按工程所需预冷骨料、加冰或加冷水拌制混凝土、坝体混凝土通水冷却及进行混凝土表面保护等温控措施的混凝土量占坝体等大体积混凝土总量的比例，乘以相应温控措施单价再相加，即为每立方米坝体或混凝土总量的比例，应根据工程施工进度、混凝土月平均浇筑强度、温控时段的长短等具体条件确定。其具体计算方法与参数的选用，亦可参照《水利建筑工程概算定额》附录11"混凝土温控费用计算参考资料"确定。

2. 预制混凝土单价

预制混凝土有混凝土预制、构件运输、安装三个工序。混凝土预制的工序与现浇混凝土基本相同。

混凝土预制构件运输包括装车、运输、卸车，应按施工组织设计确定的运输方式、卸车和运输机械、运输距离选择定额。混凝土预制构件安装单价与构件重量、设计要求的准确度以及构件是否分段等有关。当混凝土构件单位重量超过定额中起重机械重量时，可用相应起重机械替换，但台时量不变。

3. 钢筋制作安装单价编制

钢筋制作安装包括钢筋加工、绑扎、焊接及场内运输等工序。

钢筋加工：加工工序主要为调直、除锈、切断、弯制、焊接、绑扎等。采用手工或调直机、除锈机、切断机及弯曲机等进行。

绑扎、焊接：绑扎是将弯曲成型的钢筋，按设计要求组成钢筋骨架。一般用18～22号铅丝人工绑扎。人工绑扎简单方便，无需机械和动力，是水利工程钢筋连接的主要方法。由于人工绑扎劳动量大，质量不易保证，因而大型工程多用焊接方法连接钢筋。

钢筋安装方法有散装法和整装法两种。散装法是将加工成型的散钢筋运到工地，再逐根绑扎或焊接。整装法是在钢筋加工厂内制作好钢筋骨架，再运至工地安装就位。水利工程因结构复杂，断面庞大，多采用散装法。

水利工程除施工定额按上述各工序内容分部位编有加工、绑扎、焊接等定额外，概预算定额及投资估算指标大多不分工程部位和钢筋规格型号综合成一节“钢筋制作与安装”定额。

现行概算定额该节适用于现浇及预制混凝土的各部位，以“t”为计量单位。其钢筋定额消耗量已包括钢筋制作与安装过程中的加工损耗、搭接损耗及施工架立钢筋附加量。

4.3.4.2 混凝土工程单价编制示例

【例4-5】 重庆市巫山县某水库工程进行除险加固。坝体上游面采用C30二级配混凝土浇筑0.30 m等厚钢筋混凝土防渗面板，水泥强度等级为42.5。混凝土工程施工采用0.8 m^3 拌和机，混凝土水平运输采用机动翻斗车运200 m，垂直运输采用塔式起重机吊运混凝土罐直接入仓，吊高15 m，混凝土吊罐容积为0.65 m^3，插入式振捣器振捣。试计算其混凝土工程概算单价。

基本资料：0.8 m^3 混凝土搅拌机为41.94元/台时，胶轮车为0.90元/台时，1 t机动翻斗车为19.95元/台时，6 t塔式起重机为69.15元/台时，0.65 m^3 混凝土吊罐为2.53元/台时，振动器1.1 kW为2.27元/台时，水价格为0.52元/m^3，混凝土材料价格为340.00元/m^3；人工单价、其他直接费费率、间接费费率、利润率及税率查《水利工程设计概(估)算编制规定》(水总〔2014〕429号)(以下简称《编规》)。

解：(1)计算混凝土拌制单价(只计算其基本直接费)。查《水利建筑工程概算定额》(2002)搅拌机拌制混凝土一节，定额子目[40172]，详见表4-15。

(2)计算混凝土水平运输单价(只计算其基本直接费)。查《水利建筑工程概算定额》(2002)机动翻斗车运混凝土一节，定额子目[40193]，详见表4-16。

表 4-15 建筑工程单价表

单价编号	01	项目名称		搅拌机拌制混凝土	
定额编号	40172		定额单位		100 m^3
施工方法:场内配运水泥,骨料,投料,加水,加外加剂,搅拌,出料,清洗					
编号	名称及规格	单位	数量	单价(元)	合计(元)
1	基本直接费	元			2 153.00
(1)	人工费	元			1 651.94
	中级工	工时	93.80	9.15	858.27
	初级工	工时	124.4	6.38	793.67
(2)	材料费	元			42.22
	零星材料费	%	2.00	2 110.78	42.22
(3)	机械费	元			458.84
	搅拌机 0.8 m^3	台时	9.07	41.94	380.40
	胶轮车	台时	87.15	0.90	78.44

表 4-16 建筑工程单价表

单价编号	02	项目名称		机动翻斗车运混凝土	
定额编号	40193		定额单位		100 m^3
施工方法:装、运、卸、空回(运距 200 m)					
编号	名称及规格	单位	数量	单价(元)	合计(元)
1	基本直接费	元			1 064.65
(1)	人工费	元			540.54
	中级工	工时	37.60	9.15	344.04
	初级工	工时	30.8	6.38	196.5
(2)	材料费	元			50.7
	零星材料费	%	5.00	1 013.95	50.7
(3)	机械费	元			473.41
	机动翻斗车 1 t	台时	23.73	19.95	473.41

(3)计算混凝土垂直运输单价(只计算其基本直接费)。查《水利建筑工程概算定额》(2002)塔式起重机吊运混凝土一节,定额子目[40236],详见表 4-17。

表 4-17 建筑工程单价表

单价编号	03	项目名称		塔式起重机吊运混凝土	
定额编号	40236			定额单位	100 m^3
施工方法:0.65 m^3 混凝土吊罐,吊高 15 m					
编号	名称及规格	单位	数量	单价(元)	合计(元)
1	基本直接费	元			1 968.60
(1)	人工费	元			863.68
	高级工	工时	19.30	10.92	210.76
	中级工	工时	57.90	9.15	529.79
	初级工	工时	19.30	6.38	123.13
(2)	材料费	元			111.43
	零星材料费	%	6.00	1 857.17	111.43
(3)	机械费	元			993.49
	塔式起重机 6 t	台时	13.86	69.15	958.42
	混凝土吊罐	台时	13.86	2.53	35.07

(4)计算混凝土浇筑单价。查《水利建筑工程概算定额》(2002)溢流面及面板一节,定额子目[40055],详见表 4-18。

表 4-18 建筑工程单价表

单价编号	04	项目名称		面板混凝土 C30	
定额编号	40055			定额单位	100 m^3
施工方法:堆石坝的防渗面板					
编号	名称及规格	单位	数量	单价(元)	合计(元)
一	直接费	元			49 617.77
1	基本直接费	元			46 371.75
(1)	人工费	元			4 016.87
	工　长	工时	16.30	11.80	192.34
	高级工	工时	32.70	10.92	357.08
	中级工	工时	176.40	9.15	1 614.06
	初级工	工时	290.5	6.38	1 853.39
(2)	材料费	元			36 863.63
	混凝土 C30(二级配)	m^3	104	340	35 360.00
	水	m^3	165.00	0.52	85.80
	其他材料费	%	4.00	35 445.80	1 417.83
(3)	机械费	元			96.77

续表 4-18

编号	名称及规格	单位	数量	单价(元)	合计(元)
	振动器 1.1 kW	台时	40.60	2.27	92.16
	其他机械费	%	5.00	92.16	4.61
(4)	混凝土拌运	元			5 394.48
	混凝土拌制	m^3	104.00	21.53	2 239.12
	混凝土运输	m^3	104.00	10.65 + 19.69	3 155.36
2	其他直接费	%	7	46 371.75	3 246.02
二	间接费	%	8	49 617.77	3 969.42
三	企业利润	%	7	53 587.19	3 751.10
四	材料补差	元	0		
五	税金	%	3.28	57 338.29	1 880.70
六	合计	元			59 218.99
七	单价	元/m^3			592.19

4.3.5　编制模板工程单价

模板工程是混凝土工程中的重要工序,它不仅影响混凝土的外观质量,制约混凝土的施工进度,而且对混凝土工程造价影响也很大。模板用于支撑具有塑流性质的混凝土拌和物的重量和侧压力,使之按设计要求的形状凝固成型。

模板按材质可分为木模板、钢模板、预制混凝土模板。木模板的周转次数少、成本高、易于加工,大多用于异形模板。钢模板的周转次数多、成本低,广泛用于水利工程建设中。预制混凝土模板的优点是不需要拆模,与浇筑混凝土构成整体,因成本较高,一般利用于闸墩、廊道等特殊部位。

模板工程量应根据设计图纸及混凝土浇筑分缝图计算。在初步设计之前没有详细图纸时,可参考现行定额附录 9“水利工程混凝土建筑物立模面系数参考表”的数据进行估算。立模面系数是指每单位混凝土(100 m^3)所需的立模面积(m^2)。立模面系数与混凝土的体积、形状有关,也就是说,与建筑物的类型和混凝土的工程部位有关。

4.3.5.1　模板工程单价编制

模板工程包括模板制作、安装及拆除。

1. 模板制作单价

模板制作单价按混凝土部位、模板类型选择定额,编制模板制作单价。如悬臂组合钢模板、普通标准钢模板、普通平面木模板、蜗壳模板、滑升式模板等。

2. 模板安装及拆除单价

《水利建筑工程概算定额》(2002)模板安装定额子目中将“模板”作为材料列出,使用概算定额计算模板综合单价时，模板制作单价有两种计算方法：若施工单位自制模板，按模板制作定额计算出基本直接费（不计其他直接费、间接费、利润和税金），作为模板的预算价格代入安装拆除定额，统一计算模板综合单价；若外购模板，安装拆除定额中的模板预算价格计算公式为

$$模板预算价格 = (外购模板预算价格 - 残值) \div 周转次数 \times 综合系数 \quad (4\text{-}6)$$

式中：残值为10%；周转次数为50次；综合系数为1.15（含露明系数及维修损耗系数）。

3. 采用《水利建筑工程概算定额》编制模板工程单价的注意事项

（1）模板安装与拆除定额，均以100 m^2立模面积为计量单位，立模面积即为混凝土与模板的接触面积。

（2）模板材料均按预算消耗量计算，包括制作、安装、拆除、维修的损耗和消耗，并考虑周转和回收。

（3）模板定额中的材料，除模板本身外，还包括支撑模板的立柱、围令、桁（排）架及铁件等。对于悬空建筑物（如渡槽槽身）的模板，计算到支撑模板结构的承重梁为止，承重梁以下的支撑结构应包括在"其他临时工程"中。

（4）隧洞衬砌钢模台车、针梁模板台车、竖井衬砌的滑模台车及混凝土面板滑模台车中，包括行走机构、构架、模板及支撑型钢、电动机、卷扬机、千斤顶等动力设备，均作为整体设备，以工作台时计入定额。但定额中未包括轨道及埋件，只有溢流面滑模定额中含轨道及支撑轨道的埋件、支架等材料。

（5）坝体廊道预制混凝土模板，按混凝土工程中有关定额子目计算。

（6）概算定额中凡嵌套有模板100 m^2 的子目，计算"其他材料费"时，计算基数不包括模板本身的价值。

4.3.5.2 模板工程单价编制示例

【例4-6】 某引水工程位于重庆市（一般地区）县城镇以外，其水闸底板基础为M7.5浆砌块石，水闸闸墩厚4.5 m采用C15三级配纯混凝土浇筑，闸墩模板使用普通标准钢模板；各种材料预算价格和机械台时费见表4-19。计算闸墩模板工程概算单价。

解：（1）查2014年《编规》得其他直接费费率为7.0%、间接费费率为7.0%、利润率为7.0%及税率为3.28%，人工预算单价见表4-19。

（2）查《水利建筑工程概算定额》第五章第二节，闸墩模板工程概算单价计算如下：

①模板制作单价的计算，计算过程详见表4-19。

表4-19 建筑工程单价表

单价编号		项目名称	模板制作		
定额编号	50062			定额单位	100 m^2
施工方法：普通标准钢模板					
编号	名称及规格	单位	数量	单价（元）	合计（元）
1	基本直接费	元			1 011.13
（1）	人工费	元			100.99
	工长	工时	1.20	11.55	13.86

续表 4-19

编号	名称及规格	单位	数量	单价(元)	合计(元)
	高级工	工时	3.80	10.67	40.55
	中级工	工时	4.20	8.9	37.38
	初级工	工时	1.50	6.13	9.20
(2)	材料费	元			885.56
	组合钢模板	kg	81	6	486.00
	型钢	kg	44	4.6	202.40
	卡扣件	kg	26	6.3	163.80
	铁件	kg	2	6.5	13.00
	电焊条	kg	0.6	5	3.00
	其他材料费	%	2.00	868.2	17.36
(3)	机械使用费	元			24.58
	钢筋切断机　20 kW	台时	0.07	17.44	1.22
	载重汽车　5 t	台时	0.37	44.46	16.45
	电焊机　25 kVA	台时	0.72	7.97	5.74
	其他机械费	%	5.00	23.41	1.17

②计算模板安装、拆除单价。计算过程详见表 4-20。

表 4-20　建筑工程单价表

单价编号		项目名称	模板安拆		
定额编号	50001			定额单位	100 m^2
施工方法:普通标准钢模板					
编号	名称及规格	单位	数量	单价(元)	合计(元)
一	直接费	元			5 251.34
1	基本直接费	元			4 907.79
(1)	人工费	元			2 207.69
	工长	工时	17.50	11.55	202.13
	高级工	工时	85.20	10.67	909.08
	中级工	工时	123.20	8.9	1 096.48

续表 4-20

编号	名称及规格	单位	数量	单价(元)	合计(元)
(2)	材料费	元			1 865.01
	模板	m^2	100	10.11	1 011.00
	预埋铁件	kg	124.00	6.5	806.00
	混凝土柱	m^3	0.30	4.8	1.44
	电焊条	kg	2.00	5	10.00
	其他材料费	%	2	1 828.44	36.57
(3)	机械使用费	元			835.09
	汽车起重机　5 t	台时	14.60	53.35	778.91
	电焊机　25 kVA	台时	2.06	7.97	16.42
	其他机械费	%	5	795.33	39.77
2	其他直接费	%	7	4 907.79	343.55
二	间接费	%	7	5 251.34	367.59
三	利润	%	7	5 618.93	393.33
四	材料补差	元			
五	税金	%	3.28	6 012.26	197.20
六	合计	元			6 209.46
七	工程单价	元/m^2			62.09

③计算模板工程概算单价:62.09 元/m^2。

4.3.6 编制钻孔灌浆及锚固工程单价

4.3.6.1 钻孔灌浆及锚固工程简介

钻孔灌浆工程是指水工建筑物为了加强地基基础及结构本身的坚固整体性所采取的工程措施,包括帷幕灌浆、固结灌浆、接触(回填)灌浆、防渗墙、减压井等工程;锚固工程共有锚杆、锚索、喷浆(混凝土)、钢筋网等。

1. 灌浆工程分类

(1)按灌浆的作用分为帷幕灌浆、基础固结灌浆、接触灌浆、坝体接缝灌浆、隧洞固结、回填灌浆及其他灌浆等。

(2)按灌浆的材料分为水泥灌浆、水泥黏土灌浆、黏土灌浆、化学灌浆四类。

2. 锚固工程分类

(1)锚杆按锚固材料分为砂浆锚杆及药卷锚杆。

(2)锚索按锚固对象分为岩体预应力锚索和混凝土预应力锚索,岩体预应力锚索按锚固类型分黏结型锚索和无黏结型锚索。

4.3.6.2 钻孔灌浆常用的施工机具

(1)钻孔机械。分为冲击式钻机、冲击回旋式钻机(通称凿岩机)、回转式钻机(通称岩芯钻机)。

(2)灌浆机械。分为水泥灌浆机、计量泵(又称比例泵)、浆液搅拌机。

(3)钻孔灌浆器材。分为钻杆、岩芯管、钻头。

4.3.6.3 岩石基础灌浆

1.施工工艺流程

施工准备→钻孔→冲洗→表面处理→压水试验→灌浆→封孔→质量检查。

(1)施工准备包括清理场地、布置交通线路及电风水管路、搭设机房、水泥库房、安装并检查机具设备等工作内容。

(2)钻孔采用手风钻、回转式钻机和冲击钻等钻孔机械进行。

(3)冲洗是用水将残存在孔内的岩粉和铁砂冲出孔外,并将裂隙中的填充物冲洗干净,以保证灌浆效果。

(4)表面处理是为了防止有压情况下浆液沿着裂隙冒出地面而采用的塞缝、浇盖面混凝土等措施。

(5)压水试验是指灌浆施工时的简易压水试验,其目的是确定地层的渗透性,为岩基处理设计和施工提供依据。

(6)灌浆分为纯压式灌浆和循环式灌浆两种。

(7)封孔分为人工封孔和机械封孔,常用砂浆封填孔口。

(8)质量检查的方法较多,最常用的是打检查孔做检查,取岩芯,做压水试验。检查孔的数量,一般帷幕灌浆为灌浆孔的10%,固结灌浆为5%。

2.施工次序

帷幕灌浆应遵循"先固结后帷幕、先边排后中排、先下游后上游"的原则进行。固结灌浆宜在有混凝土覆盖的情况下进行,灌浆次序应为先灌外围区,后灌中间,逐渐插孔加密。

3.施工方法

钻孔一次灌浆法:将孔一次钻到设计深度,再沿全孔一次灌浆,适用于孔深小于8 m。

自上而下分段灌浆法:一般每5 m为一段,自上而下进行,上一段待凝24 h,再钻灌下一段,如此钻灌交叉,直至设计深度。其特点是灌浆质量好,但钻、灌次序交替,工效低,多用于岩石破碎、竖向节理裂隙发育地层。

自下而上分段灌浆法:一次将孔钻到设计深度,然后自下而上利用灌浆塞逐段灌浆。其特点是钻灌连续,速度快,但灌浆压力不易太高,灌浆质量不易保证,一般适用于岩层较为完整坚固的地层。

综合灌浆法:通常情况下接近地表的岩层较为破碎,越往下,则越完整,因此上部可采用自上而下分段灌浆,下部则采用自下而上分段灌浆,使之既能保证质量,又可加快速度。

4.3.6.4 水工隧洞灌浆

隧洞灌浆包括回填灌浆、固结灌浆、钢衬接触灌浆。

施工次序是先回填灌浆,后固结灌浆。

施工方法:应采取分序加密的原则施工。当隧道具有10°以上的坡度时,灌浆应从最低端开始。灌浆孔一般在混凝土衬砌施工时预留。灌浆时采用手风钻通孔,后进行灌浆。

回填灌浆的浆液水灰比浓度一般分为四个比级,即1:1、0.8:1、0.6:1、0.5:1 。

检查孔个数一般不少于基本孔的5% 。

4.3.6.5 混凝土防渗墙

在水利水电施工过程中,设置防渗墙是一种有效的防渗处理措施,它是建立在冲积层上的挡水建筑物。其施工工艺一般包括造孔和浇筑混凝土两部分内容。

(1)造孔:防渗墙造孔成槽方式一般采用槽孔法。成槽施工常采用冲击钻、反循环钻机、液压开槽机、射水成槽机进行。其施工程序包括成槽前的准备、泥浆制备、造孔、终孔验收、清孔换浆等。冲击钻成槽功效不仅受地表土石类别的影响,而且与成槽深度有很大的关系。随孔深增加,成槽效率下降比较大。

(2)浇筑混凝土:防渗墙采用导管法浇筑水下混凝土,其施工工艺为浇筑前的准备、配料拌和、浇筑混凝土、质量验收。

由于防渗墙混凝土不经过振捣,因而混凝土具有较好的和易性,要求入孔时混凝土的坍落度为18~22 cm,扩散度为34~38 cm,最大骨料粒径不得大于4 cm。

4.3.6.6 单价计算

钻孔灌浆及锚固工程单价根据设计确定的孔深、灌浆压力等参数,以及岩石级别、透水率等,按施工组织设计确定的钻孔、灌浆方式、施工条件,选用概预算定额相应的子目计算。单价计算方法与前述单价计算方法相同,只是取费费率不同。使用钻机钻灌浆孔、坝基岩石帷幕灌浆等定额时还应注意以下几点:

(1)当终孔孔径大于91 mm或孔深超过70 m时,改用300型钻机。

(2)在廊道或隧洞内施工时,人工、机械定额乘以表4-21所列系数。

表4-21 人工、机械数量调整系数

廊道或隧洞高度(m)	0~2.0	2.0~3.5	3.5~5.0	>5.0
系数	1.19	1.10	1.07	1.05

(3)采用地质钻钻不同角度的灌浆孔或观测孔、试验孔时,人工、机械、合金片、钻头和岩芯管定额乘以表4-22所列系数。

表4-22 人工、机械、合金片、钻头和岩芯管调整系数

钻孔与水平夹角(°)	0~60	60~70	70~85	85~90
系数	1.19	1.05	1.02	1.00

(4)在有架子的平台上钻孔,若平台到地面孔口高差超过2.0 m,钻机和人工定额乘以系数1.05。

(5)灌浆定额中水泥强度等级的选择应符合设计要求,设计未明确的,可按以下标准选择:回填灌浆32.5、帷幕与固结灌浆32.5、接缝灌浆42.5、劈裂灌浆32.5、高喷灌浆32.5。

(6)定额中灌浆压力划分标准为:高压大于 3.0 MPa,中压 1.5 ~ 3.0 MPa,低压小于 1.5 MPa。

思考题

1. 请简述建筑及安装工程单价的组成。

2. 请简述建筑及安装工程单价的计算程序。

3. 背景资料:重庆某枢纽工程地处一类工资区,一般石方开挖,采用手风钻钻孔爆破,1 m^3 挖掘机装 10 t 自卸汽车运输 1.5 km 弃渣,岩石级别为X级,其他直接费费率取 7%,间接费费率取 11%,利润率取 7%,税率取 3.28%。材料预算单价:合金钻头 50 元/个,炸药 4.6 元/kg,雷管 0.8 元/个,导电线 0.5 元/m。风价 0.09 元/m^3,水价 0.72 元/m^3。求该石方工程概算综合开挖单价。

项目5 编制设计概算

本项目重点

1. 了解设计概算编制依据、程序及概算文件组成。
2. 熟悉设计工程量计算规定。
3. 掌握分部工程概算编制。
4. 掌握分年度投资及资金流量编制。

水利工程设计概算应根据水利部水总〔2014〕429号文《水利工程设计概(估)算编制规定》进行,水利工程概算项目划分为工程部分、建设征地移民补偿、环境保护工程、水土保持工程四部分,具体划分如图5-1所示。

- 水利工程概算
  - 工程部分
    - 建筑工程
    - 机电设备及安装工程
    - 金属结构设备及安装工程
    - 施工临时工程
    - 独立费用
  - 建设征地移民补偿
    - 农村部分补偿
    - 城(集)镇部分补偿
    - 工业企业补偿
    - 专业项目补偿
    - 防护工程
    - 库底清理
    - 其他费用
  - 环境保护工程
  - 水土保持工程

图5-1 水利工程概算项目划分

各部分概算下设一级项目、二级项目、三级项目。

本项目以此规定为依据,主要介绍水利工程部分概算编制。建设征地移民补偿、环境保护工程、水土保持工程概算应分别执行相应编制规定,并将结果汇总到工程总概算中。

任务5.1 编制依据及编制的一般程序

5.1.1 编制依据

水利工程概算编制依据如下:

(1)国家及省(自治区、直辖市)颁发的有关法令法规、制度、规程。

(2)水利工程设计概(估)算编制规定。

(3)水利行业主管部门颁发的概算定额和有关行业主管部门颁发的定额。

(4)水利水电工程设计工程量计算规定。

(5)初步设计文件及图纸。

(6)有关合同协议及资金筹措方案。

(7)其他。

5.1.2 编制的一般程序

水利工程设计概算编制的一般程序如下:

(1)编制准备工作。收集、整理工程设计图纸、初步设计报告、工程枢纽布置、工程地质、水文气象等资料;掌握施工组织设计内容,如砂石料开采方法,主要水工建筑物施工方案、施工机械、对外交通、场内交通条件等;向上级主管部门、工程所在地有关部门收集税务、交通运输、基建、建筑材料等各项资料;掌握现行水利水电概预算定额和有关水利水电工程设计概预算费用构成及计算标准;收集各种有关合同、协议、决议、指令、工具书等。

(2)进行工程项目划分,详细列出各级项目内容。

(3)根据有关规定和施工组织设计,编制基础单价和工程单价。

(4)按分项工程计算工程量。

(5)根据分项工程的工程量、工程单价,计算并编制各分项概算表及总概算表。

(6)编制分年度投资表、资金流量表。

(7)进行复核、编写概算编制说明,整理成果,打印装订。

任务5.2 计算工程量

设计概算是以工程量乘以工程单价编制的,因此工程量是编制工程概算的基本要素之一,它是以物理单位或自然计算单位表示的各项工程和结构件的数量。其计算单位一般按长度(m)、面积(m^2)、体积(m^3)、质量(t)等,以及以自然单位如“个”“台”“套”表示。工程量计算准确与否,是衡量设计概算质量好坏的重要标志之一,所以造价人员除应具有本专业的知识外,还应当具有一定的水利施工、机电、金属结构等专业知识,掌握工程量计算的基本要求、计算方法和计算规则。按照概算有关规定,正确处理各类工程量。在编制概算时,造价人员应认真查阅主要设计图纸,对各专业提供的设计工程量逐一核对,凡不符合概算编制要求的应及时向设计人员提出修正,力求准确可靠。

5.2.1 工程量计算的基本原则

5.2.1.1 工程项目设置

工程项目设置必须与概算定额子目划分相适应。如土石方开挖工程量,应按岩土类级别计算,并将明挖、暗挖分开;锚杆支护工程量,按锚杆类型、长度、直径和支护部位及相应岩石级别以根数计算。

5.2.1.2 计量单位

工程量的计量单位应与定额子目的单位一致。

5.2.1.3 工程量计算

1. 设计工程量

工程量计算按照《水利水电工程设计工程量计算规定》(SL 328—2005)执行。可行性研究、初步设计阶段设计工程量按照建筑物和工程的几何轮廓尺寸计算的数量乘以不同设计阶段系数计算,施工图设计阶段设计工程量为图纸工程量。表 5-1 为《水利水电工程设计工程量计算规定》水利水电工程设计工程量阶段系数表的一部分。

表 5-1 水利水电工程设计工程量阶段系数表

类别	设计施工	土石方开挖工程量(万 m^3)				混凝土工程量(万 m^3)			
		>500	500~200	200~50	<50	>300	300~100	100~50	<50
永久工程或建筑物	项目建议书	1.03~1.05	1.05~1.07	1.07~1.09	1.09~1.11	1.03~1.05	1.05~1.07	1.07~1.09	1.09~1.11
	可行性研究	1.02~1.03	1.03~1.04	1.04~1.06	1.06~1.08	1.02~1.03	1.03~1.04	1.04~1.06	1.06~1.08
	初步设计	1.01~1.02	1.02~1.03	1.03~1.04	1.04~1.05	1.01~1.02	1.02~1.03	1.03~1.04	1.04~1.05
施工临时工程	项目建议书	1.05~1.07	1.07~1.10	1.10~1.12	1.12~1.15	1.05~1.07	1.07~1.10	1.10~1.12	1.12~1.15
	可行性研究	1.04~1.06	1.06~1.08	1.08~1.10	1.10~1.13	1.04~1.06	1.06~1.08	1.08~1.10	1.10~1.13
	初步设计	1.02~1.04	1.04~1.06	1.06~1.08	1.08~1.10	1.02~1.04	1.04~1.06	1.06~1.08	1.08~1.10
金属结构工程	项目建议书								
	可行性研究								
	初步设计								

2. 施工超挖、超填量及施工附加量

在水利工程施工中一般不允许欠挖,为保证建筑物的设计尺寸,施工中允许一定的超挖量;施工附加量是指为完成本项工程而必须增加的工程量,如土方工程中的取土坑、试验坑,隧洞工程中为满足交通、放炮要求而设置的内错车道、避炮洞以及下部扩挖所需增加的工程量;施工超填量是指由于施工超挖及施工附加相应增加的回填工程量。

概算定额已按有关施工规范计入合理的超挖量、超填量和施工附加量,故采用概算定额编制概(估)算时,工程量不应计算这三项工程量。

预算定额中均未计入这三项工程量,因此采用预算定额编制概(估)算单价时,应按相应定额说明计算。

3. 施工损耗量

施工损耗量包括运输及操作损耗、体积变化损耗及其他损耗。运输及操作损耗量是指土石方、混凝土在运输及操作过程中的损耗；体积变化损耗量是指土石方填筑工程中的施工期深陷而增加的数量，混凝土体积收缩而增加的工程数量等；其他损耗包括土石方填筑工程施工中的削坡、雨后清理损失数量、钻孔灌浆工程中混凝土灌注桩桩头的浇筑凿除等。

概算定额对这几项损耗已按规定计入相应定额中，而预算定额未包括混凝土防渗墙接头处理所增加的工程量。因此，采用不同定额编制工程单价时应仔细阅读有关定额说明，以免漏算或重算。

5.2.2 常用工程量计算规定

(1)土石方开挖工程量，应按岩土分类级别计算，并将明挖、暗挖分开。明挖宜分一般、坑槽、基础、坡面等；暗挖宜分平洞、斜井、竖井和地下厂房等。土石方填筑工程量应根据建筑物设计断面中不同部位不同填筑材料的设计要求分别计算，以建筑物实体方计量。

(2)砌筑工程量按不同砌筑材料、砌筑方式（干砌、浆砌等）和砌筑部位分别计算，以建筑物砌体方计算。

(3)混凝土工程工程量计算应根据建筑物的不同部位，分强度和级配计算。

(4)钻孔灌浆工程量计算应符合下列规定：基础固结灌浆与帷幕灌浆的工程量，自起灌基面算起，钻孔长度自实际孔顶高程算起。基础帷幕灌浆采用孔口封闭的，还应计算灌注孔口管的工程量，根据不同孔口管长度以孔为单位计算。地下工程的固结灌浆，钻孔和灌浆工程量根据设计要求以m计。

回填灌浆工程量按设计的回填接触面积计算。

接触灌浆和接缝灌浆的工程量，按设计所需面积计算。

任务5.3 编制分部工程概算

5.3.1 建筑工程

建筑工程按主体建筑工程、交通工程、房屋建筑工程、供电设施工程、其他建筑工程分别采用不同的方法编制。

5.3.1.1 主体建筑工程

(1)主体建筑工程概算按设计工程量乘以单价进行编制。

(2)主体建筑工程量应遵照《水利水电工程设计工程量计算规定》，按项目划分要求，计算到三级项目。

(3)当设计对混凝土施工有温控要求时，应根据温控措施设计，计算温控措施费用，也可以经过分析确定指标后，按建筑物混凝土方量进行计算。

(4)细部结构工程。参照水工建筑工程细部结构指标表确定，见表5-2。

表 5-2 水工建筑工程细部结构指标

项目名称	混凝土重力坝、重力拱坝、宽缝重力坝、支墩坝	混凝土双曲拱坝	土坝、堆石坝	水闸	冲沙闸、泄洪闸
单位	元/m³(坝体方)			元/m³(混凝土)	
综合指标	16.2	17.2	1.15	48	42

项目名称	进水口、进水塔	溢洪道	隧洞	竖井、调压井	高压管道
单位	元/m³(混凝土)				
综合指标	19	18.1	15.3	19	4

项目名称	电(泵)站地面厂房	电(泵)站地下厂房	船闸	倒虹吸、暗渠	渡槽	明渠(衬砌)
单位	元/m³(混凝土)					
综合指标	37	57	30	17.7	54	8.45

注:1. 表中综合指标包括多孔混凝土排水管、廊道木模制作与安装、止水工程(面板坝除外)、伸缩缝工程、接缝灌浆管路、冷却水管路、栏杆、照明工程、爬梯、通气管道、排水工程、排水渗井钻孔及反滤料、坝坡踏步、孔洞钢盖板、厂房内上下水工程、防潮层、建筑钢材及其他细部结构工程。

2. 表中综合指数仅包括基本直接费内容。

3. 改扩建及加固工程根据设计确定细部结构工程的工程量。其他工程,如果工程设计能够确定细部结构工程的工程量,可按设计工程量乘以工程单价进行计算,不再按表 5-2 指标计算。

5.3.1.2 交通工程

交通工程投资按设计工程量乘以单价进行计算,也可根据工程所在地区造价指标或有关实际资料,采用扩大单位指标编制。

5.3.1.3 房屋建筑工程

1. 永久房屋建筑

(1)用于生产、办公的房屋建筑面积,由设计单位按有关规定结合工程规模确定,单位造价指标根据当地相应建筑造价水平确定。

(2)值班宿舍及文化福利建筑的投资按主体建筑工程投资的百分率计算。

枢纽工程	
投资≤50 000 万元	1.0% ~1.5%
50 000 万元<投资≤100 000 万元	0.8% ~1.0%
投资>100 000 万元	0.5% ~0.8%
引水工程	0.4% ~0.6%
河道工程	0.4%

注:投资小或工程位置偏远者取大值,反之取小值。

(3)除险加固工程(含枢纽、引水、河道工程)、灌溉田间工程的永久房屋建筑面积由设计单位根据有关规定结合工程建设需要确定。

2. 室外工程投资

一般按房屋建筑工程投资的 15% ~20% 计算。

5.3.1.4 **供电设施工程**

供电设施工程根据设计的电压等级、线路架设长度及所需配备的变配电设施要求，采用工程所在地区造价指标或有关实际资料计算。

5.3.1.5 **其他建筑工程**

(1)安全监测设施工程，是指属于建筑工程性质的内外部观测设施。安全监测工程项目投资应按设计资料计算。如无设计资料，可根据坝型或其他工程形式，按照主体建筑工程投资的百分率计算。

当地材料坝 0.9% ~1.1%

混凝土坝 1.1% ~1.3%

引水式电站(引水建筑物) 1.1% ~1.3%

堤防工程 0.2% ~0.3%

(2)照明线路、通信线路等三项工程投资按设计工程量乘以单价或采用扩大单位指标编制。

(3)其余各项按设计要求分析计算。

5.3.2 机电设备及安装工程

机电设备及安装工程投资由设备费和安装工程费两部分组成。

5.3.2.1 **设备费**

设备费包括设备原价、运杂费、运输保险费和采购及保管费。

(1)设备原价：以出厂价或设计单位分析论证后的询价为设备原价。

(2)运杂费：运杂费分为主要设备运杂费和其他设备运杂费，均按占设备原价的百分率计算。

主要设备运杂费费率，见表5-3。

表5-3 主要设备运杂费费率 (%)

设备分类		铁路		公路		公路直达基本费率
		基本运距 1 000 km	每增运 500 km	基本运距 100 km	每增运 20 km	
水轮发电机组		2.21	0.3	1.06	0.15	1.01
主阀、桥机		2.99	0.5	1.85	0.2	1.33
主变压器	120 000 kVA 及以上	3.5	0.4	2.8	0.3	1.2
	120 000 kVA 以下	2.97	0.4	0.92	0.15	1.2

设备由铁路直达或铁路、公路联运时，分别按里程求得费率后叠加计算；如果设备由公路直达，应按公路里程计算费率后，再加公路直达基本费率。

其他设备运杂费费率，见表5-4。

表 5-4　其他设备运杂费费率　（%）

类别	适用地区	费率
Ⅰ	北京、天津、上海、江苏、浙江、江西、安徽、湖北、湖南、河南、广东、山西、山东、河北、陕西、辽宁、吉林、黑龙江等省（直辖市）	3～5
Ⅱ	甘肃、云南、贵州、广西、四川、重庆、福建、海南、宁夏、内蒙古、青海等省（直辖市）	5～7

工程地点距铁路线近者费率取小值，远者取大值。新疆、西藏地区的设备运杂费费率可视具体情况另行确定。

（3）运输保险费：按有关规定计算。

（4）采购及保管费：按设备原价、运杂费之和的0.7%计算。

（5）运杂综合费费率：

$$运杂综合费费率=运杂费费率+(1+运杂费费率)\times 采购及保管费费率+运输保险费费率 \tag{5-1}$$

上述运杂综合费费率，适用于计算国产设备运杂费。进口设备的国内段运杂综合费费率，按国产设备运杂综合费费率乘以相应国产设备原价占进口设备原价的比例系数进行计算（即按相应国产设备价格计算运杂综合费费率）。

（6）交通工具购置费：工程竣工后，为保证建设项目初期生产管理单位正常运行必须配备的车辆和船只所产生的费用。

交通设备数量应由设计单位按有关规定、结合工程规模确定，设备价格根据市场情况、结合国家有关规定确定。

无设计资料时，可按表5-5方法计算。除高原、沙漠地区外，不得用于购置进口、豪华汽车。灌溉田间工程不计此项费用。

表 5-5　交通工具购置费费率

第一部分　建筑工程投资（万元）	费率（%）	辅助参数（万元）
10 000 及以内	0.50	0
10 000～50 000	0.25	25
50 000～100 000	0.10	100
100 000～200 000	0.06	140
200 000～500 000	0.04	180
500 000 以上	0.02	280

计算方法：以第一部分建筑工程投资为基数，按表5-5所示费率，以超额累计方法计算。

简化计算公式为：第一部分建筑工程投资×该档费率+辅助参数。

5.3.2.2　**安装工程费**

安装工程费按设备数量乘以安装单价进行计算。

5.3.3　金属结构设备及安装工程

编制方法同“5.3.2　机电设备及安装工程”。

5.3.4　施工临时工程

5.3.4.1　**导流工程**

导流工程费用按设计工程量乘以工程单价进行计算。

5.3.4.2　**施工交通工程**

施工交通工程费用按设计工程量乘以工程单价进行计算，也可根据工程所在地区造价指标或有关实际资料，采用扩大单位指标编制。

5.3.4.3　**施工场外供电工程**

施工场外供电工程费用根据设计的电压等级、线路架设长度及所需配备的变配电设施要求，采用工程所在地区造价指标或有关实际资料计算。

5.3.4.4　**施工房屋建筑工程**

施工房屋建筑工程包括施工仓库和办公、生活及文化福利建筑两部分。施工仓库，是指为工程施工而临时兴建的设备、材料、工器具等仓库；办公、生活及文化福利建筑，是指施工单位、建设单位、监理单位及设计代表在工程建设期所需的办公用房、宿舍、招待所和其他文化福利设施等房屋建筑工程。

不包括列入临时设施和其他施工临时工程项目内的电、风、水，通信系统，砂石料系统，混凝土拌和及浇筑系统，木工、钢筋、机修等辅助加工厂，混凝土预制构件厂，混凝土制冷、供热系统，施工排水等生产用房。

1. 施工仓库

建筑面积由施工组织设计确定，单位造价指标根据当地相应建筑造价水平确定。

2. 办公、生活及文化福利建筑

(1) 枢纽工程，按下列公式计算：

$$I = \frac{AUP}{NL}K_1K_2K_3 \tag{5-2}$$

式中　I——房屋建筑工程投资；

A——建安工作量，按工程一至四部分建安工作量（不包括办公用房、生活及文化福利建筑和其他施工临时工程）之和乘以（1＋其他施工临时工程百分率）计算；

U——人均建筑面积综合指标，按 12～15 m^2/人标准计算；

P——单位造价指标，参考工程所在地的永久房屋造价指标（元/m^2）计算；

N——施工年限，按施工组织设计确定的合理工期计算；

L——全员劳动生产率，一般按 80 000～120 000 元/（人·年），施工机械化程度高取大值，反之取小值，采用掘进机施工为主的工程全员劳动生产率应适当提高；

K_1——施工高峰人数调整系数，取 1.10；

K_2——室外工程系数，取 1.10～1.15，地形条件差的可取大值，反之取小值；

K_3——单位造价指标调整系数，按不同施工年限，采用表 5-6 中的调整系数。

表 5-6　单位造价指标调整系数

工期	系数	工期	系数
2 年以内	0.25	5～8 年	0.70
2～3 年	0.40	8～11 年	0.80
3～5 年	0.55		

（2）引水工程按一至四部分建安工作量的百分率（见表 5-7）计算。

表 5-7　引水工程施工房屋建筑工程费率

工期	百分率	工期	百分率
≤3 年	1.5%～2.0%	>3 年	1.0%～1.5%

一般引水工程取中上限，大型引水工程取下限。

掘进机施工隧洞工程按表 5-7 中费率乘以调整系数 0.5。

（3）河道工程按一至四部分建安工作量的百分率（见表 5-8）计算。

表 5-8　河道工程施工房屋建筑工程费率

工期	百分率	工期	百分率
≤3 年	1.5%～2.0%	>3 年	1.0%～1.5%

5.3.4.5　其他施工临时工程

按工程一至四部分建安工程量（不包括其他施工临时工程）之和的百分率计算。

（1）枢纽工程为 3.0%～4.0%。

（2）引水工程为 2.5%～3.0%。一般引水工程取下限，隧洞、渡槽等大型建筑物较多的引水工程、施工条件复杂的引水工程取上限。

（3）河道工程为 0.5%～1.5%。灌溉田间工程取下限，建筑物较多、施工排水量大或施工条件复杂的河道工程取上限。

5.3.5　独立费用

独立费用由建设管理费、工程建设监理费、联合试运转费、生产准备费、科研勘测设计费和其他等六项组成。

5.3.5.1　建设管理费

1. 建设管理费费用组成

建设管理费是指建设单位在工程项目筹建和建设期间进行管理工作所需的费用。包括建设单位开办费、建设单位人员费、项目管理费三项。

1)建设单位开办费

建设单位开办费是指新组建的工程建设单位,为开展工作必须购置的办公设施、交通工具等以及其他用于开办工作的费用。

2)建设单位人员费

建设单位人员费是指建设单位从批准组建之日起至完成该工程建设管理任务之日止,需开支的建设单位人员费用。主要包括工作人员的基本工资、辅助工资、职工福利费、劳动保护费、养老保险费、失业保险费、医疗保险费、工伤保险费、生育保险费、住房公积金等。

3)项目管理费

项目管理费是指建设单位从筹建到竣工期间所发生的各种管理费用。包括:

(1)工程建设过程中用于资金筹措、召开董事(股东)会议、视察工程建设所发生的会议和差旅等费用。

(2)工程宣传费。

(3)土地使用税、房产税、印花税、合同公证费。

(4)审计费。

(5)施工期间所需的水情、水文、泥沙、气象监测费和报汛费。

(6)工程验收费。

(7)建设单位人员的教育经费、办公费、差旅交通费、会议费、交通车辆使用费、技术图书资料费、固定资产折旧费、零星固定资产购置费低值易耗品摊销费、工具用具使用费、修理费、水电费、采暖费等。

(8)招标业务费。

(9)经济技术咨询费。包括勘测设计成果咨询、评审费,工程安全鉴定、验收技术鉴定、安全评价相关费用,建设期造价咨询、防洪影响评价、水资源论证、工程场地地震安全性评价、地质灾害危险性评价及其他专项咨询等发生的费用。

(10)公安、消防部门派驻工地补贴费及其他工程管理费用。

2. 建设管理费计算

1)枢纽工程

枢纽工程建设管理费以一至四部分建安工作量为计算基数,按表5-9所列费率,以超额累进方法计算。

表5-9 枢纽工程建设管理费费率

一至四部分建安工作量(万元)	费率(%)	辅助参数(万元)
50 000及以内	4.5	0
50 000~100 000	3.5	500
100 000~200 000	2.5	1 500
200 000~500 000	1.8	2 900
500 000以上	0.6	8 900

简化计算公式为：一至四部分建安工作量×该档费率+辅助参数（下同）。

2）引水工程

引水工程建设管理费以一至四部分建安工作量为计算基数，按表5-10所列费率，以超额累进方法计算。原则上应按整体工程投资统一计算，工程规模较大时可分段计算。

表5-10 引水工程建设管理费费率

一至四部分建安工作量（万元）	费率（%）	辅助参数（万元）
50 000 及以内	4.2	0
50 000～100 000	3.1	550
100 000～200 000	2.2	1 450
200 000～500 000	1.6	2 650
500 000 以上	0.5	8 150

3）河道工程

河道工程建设管理费以一至四部分建安工作量为计算基数，按表5-11所列费率，以超额累进方法计算。原则上应按整体工程投资统一计算，工程规模较大时可分段计算。

表5-11 河道工程建设管理费费率

一至四部分建安工作量（万元）	费率（%）	辅助参数（万元）
10 000 及以内	3.5	0
10 000～50 000	2.4	110
50 000～100 000	1.7	460
100 000～200 000	0.9	1 260
200 000～500 000	0.4	2 260
500 000 以上	0.2	3 260

5.3.5.2 工程建设监理费

工程建设监理费是指建设单位在工程建设过程中委托监理单位，对工程建设的质量、进度、安全和投资进行监理所发生的全部费用。

工程建设监理费按照国家发展和改革委员会发改价格〔2007〕670号文颁发的《建设工程监理与相关服务收费管理规定》及其他相关规定执行。

5.3.5.3 联合试运转费

联合试运转费是指水利工程的发电机组、水泵等安装完毕，在竣工验收前，进行整套设备带负荷联合试运转期间所需的各项费用。主要包括联合试运转期间所消耗的燃料、动力、材料及机械使用费，工具用具购置费，施工单位参加联合试运转人员的工资等。

联合试运转费用指标见表5-12。

表 5-12　联合试运转费用指标

水电站工程	单机容量（万 kW）	≤1	≤2	≤3	≤4	≤5	≤6	≤10	≤20	≤30	≤40	>40
	费用（万元/台）	6	8	10	12	14	16	18	22	24	32	44
泵站工程	电力泵站	50～60 元/kW										

5.3.5.4　生产准备费

生产准备费是指水利建设项目的生产、管理单位为准备正常的生产运行或管理发生的费用。包括生产及管理单位提前进厂费、生产职工培训费、管理用具购置费、备品备件购置费和工器具及生产家具购置费。

1. 生产及管理单位提前进厂费

生产及管理单位提前进厂费是指在工程完工之前，生产、管理单位一部分工人、技术人员和管理人员提前进厂进行生产筹备工作所需的各项费用。内容包括提前进厂人员的基本工资、辅助工资、职工福利费、劳动保护费、养老保险费、失业保险费、医疗保险费、工伤保险费、生育保险费、住房公积金、教育经费、办公费、差旅交通费、会议费、技术图书资料费、零星固定资产购置费、低值易耗品摊销费、工具用具使用费、修理费、水电费、采暖费等，以及其他属于生产筹建期间应开支的费用。

(1)枢纽工程按一至四部分建安工作量的 0.15% ～0.35% 计算，大(1)型工程取小值，大(2)型工程取大值。

(2)引水工程视工程规模参照枢纽工程计算。

(3)河道工程、除险加固工程、田间工程原则上不计此项费用。若工程含有新建大型泵站、泄洪闸、船闸等建筑物，按建筑物投资参照枢纽工程计算。

2. 生产职工培训费

生产职工培训费是指生产及管理单位为保证生产、管理工作顺利进行，对工人、技术人员和管理人员进行培训所发生的费用。

生产职工培训费按一至四部分建安工作量的 0.35% ～0.55% 计算。枢纽工程、引水工程取中上限，河道工程取下限。

3. 管理用具购置费

管理用具购置费是指为保证新建项目的正常生产和管理必须购置的办公和生活用具等所发生的费用。包括办公室、会议室、资料档案室、阅览室、文娱室、医务室等公用设施需要配置的家具器具。

(1)枢纽工程按一至四部分建安工作量的 0.04% ～0.06% 计算，大(1)型工程取小值，大(2)型工程取大值。

(2)引水工程按建安工作量的 0.03% 计算。

(3)河道工程按建安工作量的 0.02% 计算。

4. 备品备件购置费

备品备件购置费是指工程在投产运行初期,由于易损件损耗和可能发生的事故,而必须准备的备品备件和专用材料的购置费,不包括设备价格中配备的备品备件。

备品备件购置费按占设备费的0.4% ~0.6%计算,大(1)型工程取下限,其他工程取中、上限。注意:

(1)设备费应包括机电设备、金属结构设备以及运杂费等全部设备费。

(2)电站、泵站同容量、同型号机组超过一台时,只计算一台的设备费。

5. 工器具及生产家具购置费

工器具及生产家具购置费是指按设计规定,为保证初期生产正常运行所必须购置的不属于固定资产标准的生产工具、器具、仪表、生产家具等的购置费。不包括设备价格中已包括的专用工具。

工器具及生产家具购置费按占设备费的0.1% ~0.2%计算。枢纽工程取下限,其他工程取中、上限。

5.3.5.5 科研勘测设计费

科研勘测设计费是指工程建设所需的科研、勘测和设计等费用。包括工程科学研究试验费和工程勘测设计费。

1. 工程科学研究试验费

工程科学研究试验费是指为保障工程质量,解决工程建设技术问题,而进行必要的科学研究试验所需的费用。

工程科学研究试验费按工程建安工作量的百分率计算。其中,枢纽工程和引水工程取0.7%,河道工程取0.3%。

灌溉田间工程一般不计此项费用。

2. 工程勘测设计费

工程勘测设计费是指工程从项目建议书阶段开始至以后各设计阶段发生的勘测费、设计费和为勘测设计服务的常规科研试验费。不包括工程建设征地移民设计、环境保护设计、水土保持设计各设计阶段发生的勘测设计费。

项目建议书、可行性研究阶段的勘测设计费及报告编制费,执行国家发展和改革委员会发改价格〔2006〕1352号文颁布的《水利、水电电力建设项目前期工作工程勘察收费暂行规定》和国家发展计划委员会计价格〔1999〕1283号文颁布的《建设项目前期工作咨询收费暂行规定》。

初步设计、招标设计及施工图设计阶段的勘测设计费,执行国家发展计划委员会、建设部计价格〔2002〕10号文颁布的《工程勘察设计收费标准》。

应根据所完成的相应勘测设计工作阶段确定工程勘测设计费,未发生的工作阶段不计相应阶段勘测设计费。

5.3.5.6 其他

1. 工程保险费

工程保险费是指工程建设期间,为使工程能在遭受水灾、火灾等自然灾害和意外事故造成损失后得到经济补偿,而对工程进行投保所发生的保险费用。

工程保险费按工程一至四部分投资合计的 4.5‰ ~ 5‰计算，田间工程原则上不计此项费用。

2. 其他税费

其他税费是指按国家规定应缴纳的与工程建设有关的税费。其他税费按国家有关规定计取。

任务 5.4　分年度投资及资金流量

5.4.1　分年度投资

分年度投资是根据施工组织设计确定的施工进度和合理工期而计算出的工程各年度预计完成的投资额。

5.4.1.1　建筑工程

建筑工程分年度投资表应根据施工进度的安排，对主要工程按各单项工程分年度完成的工程量和相应的工程单价计算。对于次要的和其他工程，可根据施工进度，按各年所占完成投资的比例，摊入分年度投资表。

建筑工程分年度投资的编制可视不同情况按项目划分列至一级项目或二级项目，分别反映各自的建筑工程量。

5.4.1.2　设备及安装工程

设备及安装工程分年度投资应根据施工组织设计确定的设备安装进度计算各年预计完成的设备费和安装费。

5.4.1.3　费用

根据费用的性质和发生的时段，按相应年度分别进行计算。

5.4.2　资金流量

资金流量是为满足工程项目在建设过程中各时段的资金需求，按工程建设所需资金投入时间计算的各年度使用的资金量。资金流量表的编制以分年度投资表为依据，按建筑及安装工程、永久设备购置费和独立费用三种类型分别计算。本资金流量计算办法主要用于初步设计概算。

5.4.2.1　建筑及安装工程资金流量

(1)建筑工程可根据分年度投资表的项目划分，以各年度建筑工作量作为计算资金流量的依据。

(2)资金流量是在原分年度投资的基础上，考虑预付款、预付款的扣回、保留金和保留金的偿还等编制出的分年度资金安排。

(3)预付款一般可划分为工程预付款和工程材料预付款两部分。

①工程预付款按划分的单个工程项目的建安工作量的 10% ~20% 计算，工期在 3 年以内的工程全部安排在第一年，工期在 3 年以上的可安排在前两年。工程预付款的扣回从完成建安工作量的 30% 起开始，按完成建安工作量的 20% ~30% 扣回至预付款全部回

收完毕为止。

对于需要购置特殊施工机械设备或施工难度较大的项目，工程预付款可取大值，其他项目取中值或小值。

②工程材料预付款。水利工程一般规模较大，所需材料的种类及数量较多，提前备料所需资金较大，因此考虑向施工企业支付一定数量的材料预付款。可按分年度投资中次年完成建安工作量的20%在本年提前支付，并于次年扣回，以此类推，直至本项目竣工。

(4)保留金。水利工程的保留金，按建安工作量的2.5%计算。在计算概算资金流量时，按分项工程分年度完成建安工作量的5%扣留至该项工程全部建安工作量的2.5%时终止(完成建安工作量的50%时)，并将所扣的保留金100%计入该项工程终止后一年(如该年已超出总工期，则此项保留金计入工程的最后一年)的资金流量表内。

5.4.2.2 永久设备购置费资金流量

永久设备购置费资金流量计算，按主要设备和其他设备两种类型分别计算。

(1)主要设备的资金流量计算。主要设备为水轮发电机组、大型水泵、大型电机、主阀、主变压器、桥机、门机、高压断路器或高压组合电器、金属结构闸门启闭设备等。按设备到货周期确定各年资金流量比例。具体比例见表5-13。

表5-13 主要设备资金流量比例

到货周期	年份					
	第1年	第2年	第3年	第4年	第5年	第6年
1年	15%	75%①	10%			
2年	15%	25%	50%①	10%		
3年	15%	25%	10%	40%①	10%	
4年	15%	25%	10%	10%	30%①	10%

注："①"栏中数据的年份为设备到货年份。

(2)其他设备的资金流量计算。其资金流量按到货前一年预付15%定金，到货年支付85%的剩余价款计算。

5.4.2.3 独立费用资金流量

独立费用资金流量中勘测设计费的支付方式应考虑质量保证金的要求，其他项目则均按分年投资表中的资金安排计算。

(1)可行性研究和初步设计阶段的勘测设计费按合理工期分年平均计算。

(2)施工图设计阶段勘测设计费的95%按合理工期分年平均计算，其余5%的勘测设计费用作为设计保证金，计入最后一年的资金流量表内。

任务5.5 预备费和建设期融资利息

5.5.1 预备费

预备费包括基本预备费和价差预备费。

5.5.1.1 基本预备费

基本预备费主要为解决在工程建设过程中，设计变更和有关技术标准调整增加的投资以及工程遭受一般自然灾害所造成的损失和为预防自然灾害所采取的措施费用。

基本预备费根据工程规模、施工年限和地质条件等不同情况，按工程一至五部分投资合计（依据分年度投资表）的百分率计算。

初步设计阶段为5.0% ~8.0%。技术复杂、建设难度大的工程项目取大值，其他工程取中小值。

5.5.1.2 价差预备费

价差预备费主要为解决在工程建设过程中，因人工工资、材料和设备价格上涨以及费用标准调整而增加的投资。

价差预备费根据施工年限，以资金流量表的静态投资为计算基数。按有关部门适时发布的年物价指数计算。计算公式为

$$E = \sum_{n=1}^{N} F_n[(1+P)^n - 1] \tag{5-3}$$

式中 E——价差预备费；

N——合理建设工期；

n——施工年度；

F_n——建设期间资金流量表内第 n 年的投资；

P——年物价指数。

5.5.2 建设期融资利息

建设期融资利息是指根据国家财政金融政策规定，工程在建设期内须偿还并应计入工程总投资的融资利息。计算公式为

$$S = \sum_{n=1}^{N}\left[\left(\sum_{m=1}^{n} F_m b_m - \frac{1}{2}F_n b_n\right) + \sum_{m=0}^{n-1} S_m\right] i \tag{5-4}$$

式中 S——建设期融资利息；

N——合理建设工期；

n——施工年度；

m——还息年度；

F_n、F_m——在建设期资金流量表内第 n、m 年的投资；

b_n、b_m——各施工年份融资额占当年投资比例；

i——建设期融资利率；

S_m——第 m 年的付息额度。

5.5.3 静态总投资

工程一至五部分投资（建筑工程、机电设备及安装工程、金属结构设备及安装工程、施工临时工程和独立费用）与基本预备费之和构成工程部分静态投资。编制工程部分总概算表时，在第五部分独立费用之后，应顺序计列以下项目：

(1)一至五部分投资合计。

(2)基本预备费。

(3)静态投资。

工程部分、建设征地移民补偿、环境保护工程、水土保持工程的静态投资之和构成静态总投资。

5.5.4 总投资

静态总投资、价差预备费、建设期融资利息之和构成总投资。编制工程概算总表时，在工程投资总计中应顺序计列以下项目：

(1)静态总投资。

(2)价差预备费。

(3)建设期融资利息。

(4)总投资。

【例 5-1】 某枢纽工程一至五部分的分年度投资如表 5-14 所示，其中机电设备购置费为 500 万元，金属结构设备购置费为 200 万元，基本预备费费率为 5%，物价指数为 4%，融资利率为 8%，各施工年份融资额占当年投资比例均为 80%。计算基本预备费、价差预备费、建设期融资利息，并填写枢纽工程总概算表。

表 5-14 分年度投资表 （单位：万元）

序号	工程或费用名称	第 1 年	第 2 年	第 3 年	合计
1	第一部分 建筑工程	5 000	7 000	2 000	14 000
2	第二部分 机电设备及安装工程	100	200	250	550
3	第三部分 金属结构设备及安装工程	50	100	150	300
4	第四部分 施工临时工程	150	100	50	300
5	第五部分 独立费用	400	300	200	900
6	一至五部分合计				
7	预备费				
8	基本预备费				
9	静态总投资				
10	价差预备费				
11	建设期融资利息				
12	总投资				

解：(1)计算一至五部分投资合计，数据填于分年度投资表（见表 5-15）。

(2)计算基本预备费：

第 1 年基本预备费：$5\ 700 \times 5\% = 285$（万元）

第 2 年基本预备费：$7\ 700 \times 5\% = 385$（万元）

第 3 年基本预备费：2 650 ×5% =132.5（万元）

基本预备费合计：285 +385 +132.5 =802.5（万元）

(3)计算静态总投资：

静态总投资 = 一至五部分投资 + 基本预备费

计算结果填于分年度投资表。

(4)计算价差预备费：

第 1 年价差预备费：(5 700 +285) ×(1 +4% −1) =239.4（万元）

第 2 年价差预备费：(7 700 +385) ×[(1 +4%)^2 −1] =659.74（万元）

第 3 年价差预备费：(2 650 +132.5) ×[(1 +4%)^3 −1] =347.43（万元）

价差预备费合计：239.4 +659.74 +347.43 =1 246.57（万元）

(5)计算建设期融资利息：

第 1 年融资额：(5 700 +285 +239.4) ×80% =4 979.52（万元）

第 2 年融资额：(7 700 +385 +659.74) ×80% =6 995.79（万元）

第 3 年融资额：(2 650 +132.5 +347.43) ×8% =2 503.94（万元）

第 1 年利息：4 979.52/2 ×8% =199.18（万元）

第 2 年利息：(4 979.52 +199.18 +6 995.79/2) ×8% =694.13（万元）

第 3 年利息：(4 979.52 +199.18 +6 995.79 +694.13 +2 503.94/2) ×8% =1 129.65（万元）

利息合计：199.18 +694.13 +1 129.65 =2 022.96（万元）

表 5-15　分年度投资　（单位：万元）

序号	工程或费用名称	第 1 年	第 2 年	第 3 年	合计
1	第一部分　建筑工程	5 000	7 000	2 000	14 000
2	第二部分　机电设备及安装工程	100	200	250	550
3	第三部分　金属结构设备及安装工程	50	100	150	300
4	第四部分　施工临时工程	150	100	50	300
5	第五部分　独立费用	400	300	200	900
6	一至五部分合计	5 700	7 700	2 650	16 050
7	基本预备费	285	385	132.5	802.5
8	静态总投资	5 985	8 085	2 782.5	16 852.5
9	价差预备费	239.4	659.74	347.43	1 246.57
10	建设期融资利息	199.18	694.13	1 129.65	2 022.96
11	总投资	6 423.58	9 438.87	4 259.58	20 122.03

(6)将上述结果填于枢纽工程总概算表（见表 5-16）。

表 5-16 枢纽工程总概算表 （单位：万元）

序号	工程或费用名称	建安工程费	设备购置费	独立费用	合计
1	第一部分　建筑工程	14 000			14 000
2	第二部分　机电设备及安装工程	50	500		550
3	第三部分　金属结构设备及安装工程	100	200		300
4	第四部分　施工临时工程	300			300
5	第五部分　独立费用			900	900
6	一至五部分合计	14 450	700	900	16 050
7	基本预备费				802.5
8	静态总投资				16 852.5
9	价差预备费				1 246.57
10	建设期融资利息				2 022.96
11	总投资				20 122.03

任务 5.6　工料分析

5.6.1　工料分析概述

工料分析就是对工程建设项目所需的人工及主要材料数量进行分析计算，统计出单位工程及分部分项工程所需的人工数量及主要材料用量。

工料分析主要是为施工单位调配劳动力，做好备料及组织材料供应、合理安排施工及核算工程成本提供依据。工料分析是工程概算的一项基本内容，同时也是施工组织设计中安排施工进度不可缺少的重要工作。

5.6.2　工料分析计算

工料分析计算就是按照概算项目内容中所列的工程数量乘以相应单价中所需的定额人工数量及额定材料用量，从而计算出每一工程项目所需的人工、材料用量，然后按照工程概算编制的步骤逐级进行汇总。工料分析计算的表格如表 5-17 所示。

表 5-17 工时、材料计算

序号	单价编号	工程项目名称	单位	工程量	工时（个）		汽油（kg）			柴油（kg）			水泥（kg）		木材（m^3）		钢筋（t）		钢材（kg）		炸药（kg）		沥青（kg）		粉煤灰（kg）	
					定额用工	合计	定额台时用量	台时用油	合计	定额台时用量	台时用油	合计	定额用量	合计	定额用量	合计	定额用量	合计	定额用量	合计	定额用量	合计	定额用量	合计	定额用量	合计

计算步骤及填写说明如下：

(1)填写工程项目及工程数量，按照概算项目分级顺序逐项填写表格中的工程项目名称及工程数量，对应填写所采用的单价编号。工程项目的填写范围为枢纽工程（主体建筑物）和施工导流工程。

(2)填写单位定额用工、材料用量，按照各工程项目所对应单价编号，查找该单价所需的单位定额用工数量及单位定额材料用量、单位定额机械台时用量，逐项填写。对于汽油、柴油用量计算，除填写单位定额机械台时用量外，还要填写不同施工机械的台时用油数量（查施工机械台时费定额）。

这里要注意：单位定额用工数量，要考虑施工机械的用工数量，不能漏算。

(3)计算工时及材料数量。定额用量指单位定额用量，工时用量及水泥、钢材、木材、炸药、沥青等材料用量，按照单位定额工时，材料用量分别乘以本项工程数量即得本工程项目工时及材料合计数量；汽油、柴油材料用量，按照单位定额台时用量乘以台时耗油量，再乘以本项工程数量，即得本项汽油、柴油合计用量。

(4)按照上述步骤(3)所述计算方法逐项计算，然后逐级向上合并汇总，即得所需计算的工时、材料用量。

(5)按照概算表格要求填写主体工程工时数量汇总表及主体工程主要材料量汇总表。

任务 5.7　概算文件组成内容

概算文件包括设计概算报告（正件）、附件、投资对比分析报告。例表见附录 6。

5.7.1　概算报告（正件）组成内容

5.7.1.1　编制说明

(1)工程概况。包括流域、河系，兴建地点，工程规模，工程效益，工程布置形式，主体建筑工程量，主要材料用量，施工总工期等。

(2)投资主要指标。包括工程总投资和静态总投资，年度价格指数，基本预备费率，建设期融资额度、利率和利息等。

(3)编制原则和依据。包括以下内容：

①概算编制原则和依据。

②人工预算单价，主要材料，施工用电、水、风以及砂石料等基础单价的计算依据。

③主要设备价格的编制依据。

④建筑安装工程定额、施工机械台时费定额和有关指标的采用依据。

⑤费用计算标准及依据。

⑥工程资金筹措方案。

(4)概算编制中其他应说明的问题。

(5)主要技术经济指标表。

5.7.1.2 工程概算总表

工程概算总表应汇总工程部分、建设征地移民补偿、环境保护工程、水土保持工程总概算表。

5.7.1.3 工程部分概算表和概算附表

1. 概算表

(1)工程部分总概算表。

(2)建筑工程概算表。

(3)机电设备及安装工程概算表。

(4)金属结构设备及安装工程概算表。

(5)施工临时工程概算表。

(6)独立费用概算表。

(7)分年度投资表。

(8)资金流量表(枢纽工程)。

2. 概算附表

(1)建筑工程单价汇总表。

(2)安装工程单价汇总表。

(3)主要材料预算价格汇总表。

(4)次要材料预算价格汇总表。

(5)施工机械台时费汇总表。

(6)主要工程量汇总表。

(7)主要材料量汇总表。

(8)工时数量汇总表。

5.7.2 概算附件组成内容

(1)人工预算单价计算表。

(2)主要材料运输费用计算表。

(3)主要材料预算价格计算表。

(4)施工用电价格计算书。

(5)施工用水价格计算书。

(6)施工用风价格计算书。

(7)补充定额计算书。

(8)补充施工机械台时费计算书。

(9)砂石料单价计算书。

(10)混凝土材料单价计算表。

(11)建筑工程单价表。

(12)安装工程单价表。

(13)主要设备运杂费费率计算书。

(14)施工房屋建筑工程投资计算书。

(15)独立费用计算书。

(16)分年度投资计算表。

(17)资金流量计算表。

(18)价差预备费计算表。

(19)建设期融资利息计算书。

(20)计算人工、材料、设备预算价格和费用依据的有关文件、询价报价资料及其他。

思考题

1. 简述水利工程概算的具体组成内容。
2. 简述水利工程概算的编制依据及程序。
3. 水利工程各部分概算如何编制?
4. 何谓基本预备费、价差预备费、建设期融资利息、静态投资、动态投资及总投资?
5. 设计概算文件包括哪些内容?

项目6 投资估算、施工图预算、施工预算、竣工结算、竣工决算

本项目重点

1. 了解投资估算、施工图预算、施工预算、竣工结算、竣工决算的概念。
2. 掌握投资估算、施工图预算、施工预算、竣工结算、竣工决算的编制。

项目可行性研究阶段要做投资估算，施工图设计阶段要做施工图预算，施工阶段要做施工预算。

任务6.1 投资估算

6.1.1 概述

投资估算是项目建设书和可行性研究报告的重要组成部分，是项目决策的一项重要依据，其准确性十分重要，直接影响对项目的决策。

可行性研究是基本建设程序一个重要组成部分，也是进行基本建设的一项重要工作。在可行性研究阶段需要提出可行性研究报告，对工程规模、坝址、基本坝型、枢纽布置方式等提出初步方案并进行论证；估算工程总投资及总工期；对工程兴建的必要性及经济合理性进行评价；投资估算应对建设项目总造价起控制作用。

投资估算的准确性，直接影响国家（业主）对项目选定的决策。但由于受勘测、设计和科研工作的深度限制，可行性研究阶段往往只能提出主要建筑物的主体工程量和发电机、水轮机、主变压器等主要设备。在这种情况下，要合理地编制出投资估算，除要遵守规定的编制办法和定额外，造价人员还要深入调查研究，掌握第一手资料，合理地选定单价指标。

6.1.2 投资估算编制

6.1.2.1 编制内容

水利水电工程投资估算与初步设计概算在组成内容、项目划分和费用构成上基本相同，但两者设计深度不同。投资估算可根据《水利水电工程可行性研究报告编制规程》的有关规定，对初步设计概算规定中部分内容进行适当简化、合并或调整。

水利水电工程中的主要建筑物以及主要设备及安装工程是永久工程中的主体，在工程总投资中占有举足轻重的份额，所以为了保证投资估算的精度，采用了与概算相同的项目划分和计算方法。永久工程中上述以外的非主要工程（次要工程），由于项目繁多，工程量及投资相对较小，在可行性研究阶段由于受设计深度的限制，难以提出工程数量，所以在估算中采用合并项目，用粗略的方法（指标或百分率）估算其投资。

投资估算和设计概算的编制程序和方法基本相同，其主要差别在于要求的工作深度不一样。具体差别：①依据的定额不同。设计概算采用概算定额编制工程单价，而估算则采用综合性较强的估算指标编制估算单价，若采用概算定额编制估算单价，则要考虑扩大系数。②留取的余度不同。由于可行性研究的设计深度较初步设计低，对有些问题的研究还未深化，为了避免估算总投资失控，故编制估算所留的余地较概算要大。主要表现为估算的工程量系数值较设计概算要大；现行规定估算基本预备费率为10% ~12%，设计概算为6% ~8%。③投资估算对次要工程投资采用简化的方法计算。

6.1.2.2 编制方法及计算标准

1. 基础单价

基础单价编制与设计概算相同。

2. 建筑、安装工程单价

投资估算主要建筑、安装工程单价编制与设计概算单价编制相同，一般采用概算定额，但考虑投资估算工作深度和精度，应乘以扩大系数。扩大系数见表6-1。

表6-1 建筑、安装工程单价扩大系数

序号	工程类别	单价扩大系数(%)
一	建筑工程	
1	土方工程	10
2	石方工程	10
3	砂石备料工程(自采)	0
4	模板工程	5
5	混凝土浇筑工程	10
6	钢筋制安工程	5
7	钻孔灌浆及锚固工程	10
8	疏浚工程	10
9	掘进机施工隧洞工程	10
10	其他工程	10
二	机电、金属结构设备安装工程	
1	水力机械设备、通信设备、起重设备及闸门等安装工程	10
2	电气设备、变电站设备安装工程及钢管制作安装工程	10

3. 分部工程估算编制

(1)建筑工程。主体建筑工程、交通工程、房屋建筑工程的编制方法与设计概算基本相同。其他建筑工程可视工程具体情况和规模按主体建筑工程投资的3% ~5%计算。

(2)机电设备及安装工程。主要机电设备及安装工程编制方法基本与设计概算相同,其他机电设备及安装工程可根据工程项目计算投资,若设计深度不满足要求,可根据装机规模占主要机电设备的百分率或单位千瓦指标计算。

(3)金属结构设备及安装工程。编制方法基本与概算相同。

(4)施工临时工程。编制方法及计算标准与设计概算相同。

(5)独立费用。编制方法及计算标准与设计概算相同。

6.1.2.3 其他

投资估算工作深度仅计算分年度投资而不计算资金流量。

可行性研究投资估算基本预备费率取10% ~12%;项目建议书阶段基本预备费率取15% ~18%。价差预备费率同设计概算。

投资估算表格基本与概算相同。

任务6.2 施工图预算

施工图预算是依据施工图设计文件、施工组织设计、现行法定的工程预算定额及费用标准等文件编制的。施工图预算又称设计预算,与施工单位编制的施工预算有区别。

6.2.1 施工图预算的作用

施工图预算是在施工图设计阶段,在批准的概算范围内,根据国家现行规定,按施工图纸和施工组织设计综合计算的造价文件。主要作用如下:

(1)确定单位工程项目造价的依据。预算比概算更为具体和详细,因而可以确定工程项目造价。这一点对于工业与民用建筑而言,尤为突出,如果施工图预算超过了设计概算,应由建设单位会同设计单位报请上级主管部门核准,并对原设计概算进行修改。

(2)签订工程承包合同、实行投资包干和办理工程价款结算的依据。预算确定的造价较概算准确,故对于不进行招标投标的特殊或紧急工程项目等,常采用预算包干。按规定程序,经过工程量增减、价差调整后的预算作为结算的依据。

(3)施工企业内部进行经济核算和考核工程成本的依据。施工图预算确定的工程造价,是工程项目的预算成本,其与实际成本的差额即为施工利润,这就促使施工企业必须加强经济核算,提高经营管理水平,降低成本,提高经济效益。同时也是编制各种人工、材料、半成品、成品、机具供应计划的依据。

(4)进一步考核设计经济合理性的依据。施工图预算的成果,更切合实际,可以进一步考核设计方案的技术先进性和经济合理程度。施工图预算,也是编制固定资产的依据。

6.2.2 施工图预算编制

6.2.2.1 施工图预算编制依据

施工图预算是依据施工图设计文件、施工组织设计、现行的水利水电工程预算定额及费用标准等文件编制的。

1. 设计资料

设计资料主要指施工图纸、设计说明及有关标准图集。施工图纸是计算工程量和进行预算列项的主要依据。

2. 现行预算定额及相关文件

预算定额及相关文件包括已经批准执行的预算定额、费用标准文件、地区材料预算价格及其工程造价管理部门颁发的相关文件。现行预算定额及相关文件是编制施工图预算的基本资料和计算标准。

3. 施工组织设计

编制施工图预算时，需了解和掌握影响造价的各种因素。如土壤类别、地下水位标高、机械规格及数量等需在施工组织或施工方案中明确，因此施工组织设计或施工方案是编制施工图预算必不可少的依据。

4. 施工合同或招标文件

在市场经济条件下，合同双方会在符合政策规定的前提下，在合同中做出一些有关工程造价计算和确定的约定。因此，施工合同是合同双方计算、确定工程造价的主要依据之一。

招标投标过程中尚未签订合同的工程，招标文件中许多约定和规定是计算报价、评审报价的依据，也是编制施工图预算的主要依据之一。

6.2.2.2 施工图预算编制

施工图预算与设计概算的项目划分、编制程序、费用构成、计算方法等基本相同。施工图是工程实施的蓝图，建筑物的细部结构构造、尺寸、设备及装置性材料的型号、规格都已明确，所以施工图预算较概算编制要精确。编制施工图预算的方法与设计概算的不同之处具体表现在以下几个方面。

1. 主体工程

施工图预算与概算都采用工程量乘单价的方法计算投资，但深度不同。

概算根据概算定额和初步设计工程编制，其二级项目经综合扩大，概括性强，而预算则依据预算定额和施工图设计工程编制，其三级项目较为详细。如概算的闸、坝工程，一般只需套用定额中的综合项目计算其综合单价，而施工图预算需根据预算定额中按各部位划分为更详细的三级项目，分别计算单价。

2. 非主体工程

概算中的非主体工程以及主体工程中的细部结构采用综合指标或百分率乘二级项目工程量的方法估算投资；而预算则均要求按三级项目乘工程单价的方法计算投资。

3. 造价文件形成和组成

概算是初步设计报告的组成部分,在初步设计阶段一次完成,完整地反映整个建设项目所需的投资。由于施工图的设计工作量大、历时长,故施工图设计大多以满足施工为前提,陆续出图。因此,施工图预算通常以单项工程为单位,陆续编制,各单项工程单独成册,最后汇总形成总预算投资。

任务6.3 施工预算

6.3.1 施工预算的概念

施工单位为了加强对单位工程施工成本的管理编制施工预算。

施工预算是施工企业根据施工图纸、施工定额、施工组织设计,考虑挖掘内部潜力,在工程开工前由施工单位编制的技术经济文件。

6.3.2 施工预算的作用

施工预算的作用主要有以下几个方面:

(1)施工预算是编制施工作业计划的依据。施工作业计划是施工企业计划管理的中心环节,也是计划管理的基础和具体化,编制施工作业计划,必须依据施工预算计算的单位工程或分部分项工程的工程量、构配件、劳力等。

(2)施工预算是施工单位向施工班组签发施工任务单和限额领料的依据。施工任务单的内容可以分为两部分:第一部分是下达给班组的工程任务,包括工程名称、工作内容、质量要求、开工和竣工日期、计量单位、工程量、定额指标、计件单价和平均技术等级;第二部分是实际任务完成的情况记载和工资结算,包括实际开工和竣工日期、完成工程量、实际工日数、实际平均技术等级、完成工程的工资额、工人工时记录表和每人工资分配额等。其主要工程量、材料品种和数量均来自施工预算。

(3)施工预算是计算超额奖和计算计件工资、实行按劳分配的依据。社会主义应当体现按劳分配的原则,施工预算所确定的人工、材料、机械使用量与工程量的关系是衡量工人劳动成果、计算应得报酬的依据,它把工人的劳动成果与劳动报酬联系起来,很好地体现了多劳多得、少劳少得的按劳分配原则。

(4)施工预算是施工企业进行经济活动分析的依据。进行经济活动分析是企业加强经营管理、提高经济效益的有效手段。经济活动分析,主要是应用施工预算的人工、材料和机械台时数等与实际消耗量对比,同时与施工图预算的人工、材料和机械台时数进行对比,分析超支、节约的原因,改进操作技术和管理手段,有效地控制施工中的消耗,节约开支。

(5)施工预算是促进和推广先进技术、节约措施的有效办法。

施工预算、施工图预算、竣工结算是施工企业进行施工管理的“三算”。

6.3.3 施工预算编制

6.3.3.1 施工预算的编制依据

编制施工预算的主要依据包括施工图纸、施工定额及补充定额、施工组织设计或实施方案和有关的手册资料等。

(1)施工图纸。编制施工预算,应使用经过会审后的施工图和相应的设计说明书以及会审纪要,不能采用未经会审通过的图纸,以免返工。

(2)施工定额。劳动定额、材料预算价格、人工工资标准、机械台班单价及文件是编制施工预算的主要依据。目前,各省、市、地区或企业根据本地区的情况,自行编制施工定额,为施工预算的编制与执行创造了条件。有的地区没有编制施工定额,可按有关规定自行编制补充定额。

(3)施工组织设计或施工方案。施工组织设计或施工方案所确定的施工顺序、施工方法、施工机械、施工技术组织措施和施工现场平面布置等内容,都是施工预算编制的依据。例如土方开挖,应根据施工图设计,结合具体的工程条件,确定边坡系数,开挖、运输方式和运输距离等。

(4)有关的手册、资料。包括建筑材料手册、五金手册及有关的系数计算表等资料。

(5)已审定的施工图预算书。正常情况下,施工预算是受施工图预算控制的。施工图预算书中的各种数据,如工程量、“三量”(人工量、材料量、机械量)、“三费”(人工费、材料费、机械使用费)等,为施工预算的编制提供有利条件和可比数据。

6.3.3.2 施工预算的编制方法

施工预算的编制方法与施工图预算的编制方法大致相同。编制方法一般有实物法、实物金额法和单位计价法。

1. 实物法

实物法的应用比较普遍。它是根据施工图和说明书,按照劳动定额或施工定额规定计算工程量,汇总、分析人工和材料数量,向施工班组签发施工任务单或限额领料单,实行班组核算,与施工图预算的人工和主要材料进行对比,分析超支、节约原因,以加强管理。

2. 实物金额法

实物金额法是在实物法算出人工和各种材料消耗量后,再分别乘以所在地区的人工单价和材料预算价格,求出人工费、材料费和直接费。这种方法不仅计算各种实物消耗量,而且计算各项费用的金额,故称实物金额法。

3. 单位计价法

这种方法与施工图预算的编制方法大体相同。所不同的是,施工预算的划分内容与分析计算都比施工图预算更为详细,更为具体。

以上三种方法的主要区别在于计价方式的不同。实物法只计算实物的消耗量,并据此向施工组签发施工任务书和限额领料单,还可以与施工图预算的人工、材料消耗数量进行对比分析;实物金额法是通过工料分析,汇总人工、材料消耗数量,再进行计价;单位计价法则是按分部分项工程项目分别进行计价。对施工机械台班使用数量和机械费，三种方法都是按施工组织设计或施工方案所确定的施工机械的种类、型号、台数及台班费用定额进行计算。这是施工预算与施工图预算在编制依据与编制方法上的一个不同点。

6.3.3.3 施工预算编制步骤

编制施工预算的步骤如下：

（1）收集熟悉有关资料，了解施工现场情况。编制前应将有关资料收集齐全，如施工图纸及图纸会审记录、施工组织设计或施工方案、施工定额和工程计算规则等。同时要深入施工现场，了解施工现场情况及施工条件，如施工环境、地质、道路及施工现场平面布置等。上述工作是施工预算编制的前提条件和基本准备工作。

（2）计算工程量。工程量计算是一项十分细致而又烦琐复杂的工作，也是施工预算编制工作中最基本的工作，所需时间长，技术要求高，故工作量最大。能否及时、准确地计算出工程量，关系着施工预算的编制速度与质量。

（3）套用施工定额，工料分析和汇总。工程量计算完毕后，按照工程的分项名称顺序，套用施工定额的单位人工、材料和机械台时消耗量，计算出各个工程项目的人工、材料和机械台时的用工用料量，最后同类项目工料相加予以汇总，即可得到一个完整的分部分项工料汇总表。

（4）进行“两算”对比。

（5）编写编制说明。编制说明包括的内容有：编制依据，包括采用的图纸名称及编号，采用的施工定额，施工组织设计或施工方案；遗留项目或暂估项目的原因和存在的问题以及处理的办法等。

施工预算采用的主要表格见表6-2 ~ 表6-5。

表6-2 施工预算工程量汇总

工程名称：

序号	定额	分部分项工程名称	单位	数量	备注

表6-3 施工预算工料分析

工程名称：

定额编号	分部分项工程名称	单位	工程量	工料名称					
				水泥		钢材		木材	
				单位用量	合计用量	单位用量	合计用量	单位用量	合计用量

表6-4　单位工程材料或机械汇总

工程名称：

序号	分部工程名称	材料或机械名称	规格	单位	数量	单价（元）	合价（元）

表6-5　施工预算表

工程名称：

序号	定额号	分部分项工程名称	单位	数量	预算价格（元）				
					单价	合计	其中		
							人工	材料	机械

6.3.4　施工图预算和施工预算对比

施工图预算和施工预算之间的对照比较，称为“两算”对比。施工图预算确定企业工程收入的预算成本，施工预算确定企业控制各项支出的计划成本，在正常情况下，计划成本应小于预算成本，否则将因超支而亏损。“两算”按要求应在单位工程开工前进行编制，以便进行“两算”的对比分析。

6.3.4.1　“两算”对比的目的

通过“两算”对比，找出节约和超支的原因，提出研究解决的措施，防止因人工、材料、机械台班及相应费用的超支而导致工程成本的亏损，并为编制降低成本计划额度提出依据。因此，“两算”对比对于建筑企业自觉运用经济规律、改进和加强施工组织管理、提高劳动生产率、降低工程成本、提高经济效益都有重要的实际意义。

6.3.4.2　施工预算和施工图预算的区别

1. 使用定额不同

施工预算使用施工定额，施工图预算使用预算定额，两者的水平不同，项目划分也不同。

2. 作用不同

施工预算是企业进行施工管理、控制施工成本的依据。施工图预算是确定工程造价、确定企业工程收入的主要依据。

3. 工程项目划分的粗细程度不同

施工预算比施工图预算项目多，划分细。

4. 计算范围不同

施工预算仅供内部使用，一般只计算直接费。施工图预算要计算包括直接费、间接费、利润、价差、税金等在内的整个工程造价。

此外，施工预算与施工图预算相比，考虑施工组织的因素和计量单位有些也不相同。

6.3.4.3 “两算”对比方法

“两算”对比方法有实物对比法和实物金额对比法。实物对比法就是将施工预算所计算出的单位工程人工和主要材料用量与施工图预算得出的人工和主要材料用量进行对比分析，计算出节约或超支的数量差和百分率。实物金额对比法是将施工预算的人工和主要材料、机械台时数量分别乘以相应的单价，得出相应的人工、材料、机械使用费，与施工图预算相应的人工、材料和机械使用费进行对比，计算出节约或超支的费用差(金额差)和百分率。

由于施工图预算定额与施工预算定额的定额水平不一样，定额所考虑的因素不一样，施工预算的人工、材料、机械使用量及相应的费用，一般应低于施工图预算，当出现相反情况时，要分析原因，必要时要改变施工方案。

任务6.4 竣工结算和竣工决算

6.4.1 竣工结算

工程竣工结算是指施工企业按照合同规定全部完成所承包的工程，经验收质量合格，并符合合同要求之后，向建设单位办理已完工程最终工程价款结算的造价文件。

6.4.1.1 竣工结算的编制依据

竣工结算的编制依据如下：

(1)工程竣工报告及工程竣工验收单。

(2)施工单位与建设单位签订的工程合同或协议书、施工图预算。

(3)施工图纸、设计变更通知单、现场签证。

(4)竣工图及隐蔽工程记录。

(5)预算定额、材料价格及其他费用文件。

(6)现场零星用工、借工签证。

(7)其他有关资料。

6.4.1.2 竣工结算编制

竣工结算一般是在施工图预算的基础上，结合施工中的实际情况编制的。其内容与施工图预算基本相同，只是在施工图预算的基础上做部分增减调整。其编制步骤如下：

(1)以单位工程为基础，根据现场施工情况，对施工图预算的主要内容逐项检查和核对，特别应注意以下三方面的核对：①施工图预算所列工程量与实际完成工程量不符时应做调整。包括设计修改和增漏项而需要增减的工程量，应根据设计变更通知单进行调整；现场工程的更改，应根据现场记录按合同规定调整；施工图预算发生的某些错误，应做调整。②材料预算价格与实际价格不符时应做调整。在工程结算中材料价格的调整范围应严格按照合同约定办理,允许调整的进行调整,不允许调整的不得进行调整。③间接费和其他费用,应根据工程量的变化做相应的调整。

(2)对单位工程增减预算查对核实后,汇总得单位工程结算。

(3)各单位工程结算汇总得单项工程结算书。

(4)各单项工程结算书汇总得整个建设项目的竣工结算书。

(5)编写竣工结算说明,包括编制依据、编制范围及其他情况。

6.4.2　竣工决算

竣工决算是指单项工程或建设项目竣工后,建设单位核定新增固定资产和流动资产价值的经济文件,是基本建设工程经济效果的全面反映,应包括从筹建到竣工验收所实际支出的全部费用。它是考核竣工项目概预算与基建计划执行情况以及分析投产效益的依据,是总结基建工作财务管理的依据,是办理移交新增固定资产和流动资产价值的依据,对于总结基本建设经验、降低建设成本、提高投资效益具有重要作用。竣工决算报告依据《水利基本建设项目竣工财务决算编制规程》(SL 19—2008)编制。

6.4.2.1　编制竣工决算的依据

(1)国家有关法律、法规。

(2)经批准的设计文件、项目概预算。

(3)主管部门下达的年度投资计划,基本建设支出预算。

(4)经主管部门批复的年度基本建设财务决算。

(5)项目合同(协议)。

(6)会计核算及财务管理资料。

(7)工程价款结算、物质消耗等有关资料。

(8)水库淹没处理、移民拆迁、补偿费的总结和验收文件,以及水土保持与环境保护工程的实施工程总结。

(9)其他有关项目管理文件。

6.4.2.2　建设项目竣工决算的作用

(1)建设项目竣工决算综合、全面反映竣工项目建设成果及财务情况。

(2)建设项目竣工决算是办理交付使用资产的依据。

(3)建设项目竣工决算是分析和检查设计概算的执行情况、考核投资效果的依据。

6.4.2.3　竣工决算编制内容

竣工决算由竣工决算封面及目录、竣工工程的平面示意图及主体工程照片、竣工决算说明书、竣工决算报表四部分组成。

1.竣工决算说明书

竣工决算说明书是总结反映竣工工程建设成果、全面考核分析工程投资与造价的书面文件,是竣工决算报告的重要组成部分,其主要内容包括:

(1)项目基本情况。

(2)基本建设支出预算、投资计划和资金到位情况。

(3)概(预)算执行情况。

(4)招标投标及政府采购情况。

(5)合同(协议)履行情况。

(6)征地补偿和移民安置情况。

(7)预备费动用情况。

(8)未完工程投资及预留费用情况。

(9)财务管理方面情况。

(10)其他需说明的事项。

(11)报表说明。

2. 竣工决算报表

竣工决算报表应包括以下表格:

(1)水利基本建设竣工项目概况表,反映竣工项目主要特征、建设过程和建设成果等基本情况。

(2)水利基本建设项目竣工财务决算表,反映竣工项目的财务收支状况。

(3)水利基本建设竣工项目投资分析表,反映竣工项目建设概预算执行情况。

(4)水利基本建设竣工项目未完工程及投资预留费用表,反映预计纳入竣工财务决算的未完工程投资及预留费用的明细情况。

(5)水利基本建设竣工项目成本表,反映竣工项目建设成本构成情况。

(6)水利基本建设竣工项目交付使用资产表,反映竣工项目向不同资产接收单位交付使用资产情况。

(7)水利基本建设竣工项目待核销基建支出表,反映竣工项目发生的待核销基建支出明细情况。

(8)水利基本建设竣工项目转出投资表,反映竣工项目发生的转出投资明细情况。

建设项目完成并满足竣工财务决算编制条件后,项目法人应在规定的期限内完成竣工决算的编制工作。大中型项目的期限为 3 个月,小型项目的期限为 1 个月。如有特殊情况不能在规定期限内完成编制工作的,报经竣工验收主持单位同意后可适当延期。水利基本建设项目竣工决算由项目法人组织编制。设计、监理、施工等单位应积极配合,向项目法人提供有关资料。

思考题

1. 何谓投资估算?
2. 施工图预算、施工预算的作用及编制依据是什么?
3. 施工图预算与施工预算的区别是什么?
4. 什么是竣工结算和竣工决算? 竣工结算的编制依据有哪些?

项目7　水利水电工程造价软件应用

本项目重点

1. 了解工程造价软件的特点。
2. 熟悉水利工程造价软件的安装过程。
3. 掌握水利工程造价软件的功能和操作。

水利水电工程造价编制是一项烦琐的工作，计算工作量大，传统的手算速度慢，工效低，而且易出错，不能满足生产需要。尤其是工程项目施行招标投标以来，发包方和承包方均应及时准确地计算出标底和报价，计算机的应用显得愈来愈重要。应用计算机编制工程概预算和标价，不但运算速度快、精度高，而且还可以进行文本处理，是当前乃至今后工程造价实现现代化管理的重要手段。

四川锦瑞青山科技有限公司研发的行业预算软件在全国各建设行业概预算软件行业中独树一帜，目前公司的房屋建筑、水利水电、土地整理、风电、光电、地质灾害、路桥、钢铁检修、煤炭等造价软件已经在全国得到广泛应用，具有相当知名度，用户数已超过数万家。

青山.net大禹水利水电计价软件是按照《水利建筑工程概算定额》《水利建筑工程预算定额》《水利水电设备安装工程预算定额》《水利水电设备安装概算定额》《水利工程施工机械台班时费定额》和水总〔2002〕116号《水利工程设计概（估）算编制规定》及水总〔2014〕429号《水利工程设计概（估）算编制规定》为依据来配套开发的。在此之后，各省根据国家标准陆续编制了地方标准。青山.net大禹水利水电计价软件先后通过了住房和城乡建设部及各省市造价管理站的技术鉴定，目前已广泛应用于全国各省市工程建设的预算编制。软件的最大特色是集成度高，操作方便，能集各地的定额于一体，并能自动根据不同定额体系变换适应当地规则的操作界面，极大地提高了用户工作效率。

四川锦瑞青山科技有限公司与全国大部分水利职业技术院校签订了校企合作协议，青山.net大禹水利水电计价软件，已经在全国各水利职业技术学校普遍使用，公司每年均派有技术老师参与各水利院校工程造价专业学生电算化教学工作。

本项目主要介绍四川锦瑞青山科技有限公司开发的青山.net大禹水利水电计价软件。

任务7.1　工程造价软件的特点与安装

该软件可编制水利水电工程投资估算、水利水电工程设计概算、水利水电工程设计预算、水利水电工程投标报价、水利水电工程标底,可对水利水电工程投资进行审查等。

7.1.1 软件特点

(1)招标投标和概预算互导。

(2)拼音首码查询。

(3)内置实时在线服务系统,可随时联络技术顾问。

(4)实时行业标准及技术规范说明(内置行业标准、技术规范、编规等文件内容,与变量等一一对应,定位查询,方便快捷)。

(5)直接与 Excel 交换数据(直接与 Excel 进行数据的复制、粘贴)。

(6)智能报表/实时呈现(超强的报表设计功能,表头、表脚如编辑 Excel 一样方便,再也不用担心招标投标表格的变化)。

(7)多工程(多工程既可独立存在,又可实时汇总,标段工程管理清晰明了)。

(8)数据撤销/重做(无限制撤销、重做功能;随时撤销、返回,存盘后也能撤销,再也不怕误操作)。

(9)合法性检查(独增合法性检查功能,常见错误一下就能检查出来,避免出现常识性错误,并支持反查定位修改,最大限度地减少错误与失误)。

7.1.2 软件安装

在安装之前要确定硬盘上有足够的剩余空间,青山. net 大禹水利水电计价软件及相关文件将占用 200M 左右的硬盘空间。

安装步骤如下:

(1)将本软件的安装盘放入驱动器中,找到安装文件 Setup. exe。

(2)执行该安装程序,在出现的安装界面中,点击“下一步”,直到完成。

任务 7.2 工程造价软件操作

水利工程造价的计价方式是“工程量清单”的方式,根据工程量清单套定额,计算出相应的直接费(人工费、机械费、材料费),然后以定额为基础计算每个清单的综合单价,综合单价由直接费、间接费、企业利润、税金组成,其计算方式一样,但费率根据清单的类别,如土石方工程、混凝土工程等各不相同,用户需要根据情况加以选择,因此在软件中输入工程量清单时要求进行“单价取费程序设置”。

水利造价计算将清单进行分部分项,第一部分建筑工程,第二部分机电设备及安装工程,第三部分金属结构工程,第四部分施工临时工程,这四部分清单逐一编制,汇总后得到建安费和设备费的合计,第五部分独立费用将以此为基础进行计算。

进行项目报价时,首先确定项目属于哪个部分,什么类型及采用什么单价计算程序,然后要对清单套用相应定额。套定额的目的是计算直接费,而计算直接费就需要人工、材料、机械的单价。因此,编制步骤:第一步需要编写基础资料(计算人工、材料、机械单价等);第二步输入清单,套用相应定额(综合单价计算程序会根据定额章节自动选择);第三步套完定额后软件自动生成独立费用;最后,打印出各种报表。

软件主要包括工程、设置、工具、窗口、帮助等五大功能菜单。这五大功能菜单分别对应着水利工程操作流程中的共有功能,青山.net大禹水利水电计价软件的功能节点及界面,按照水利计价流程设置,其操作流程如图7-1所示。

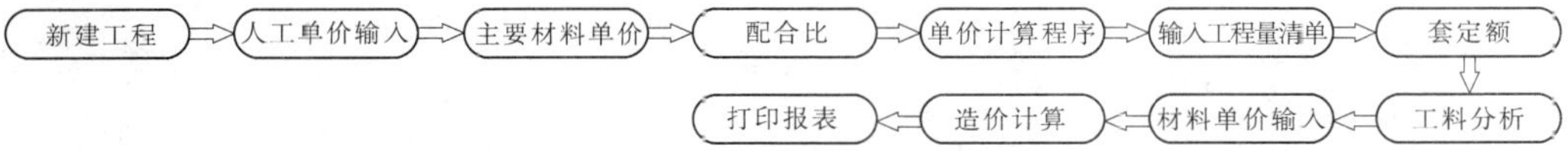

图7-1 操作流程

7.2.1 菜单

"工程"菜单主要包括新建工程、新建审计工程、打开工程、保存工程、另存工程,保存为模板工程、压缩工程、合并工程、打开历史工程、概预算与招标投标互导等功能。

新建工程、打开工程、保存工程子菜单主要提供工程文件的新建、打开及保存,文件的后缀为".qhf"。文件打开后,将在主窗口标题上显示该工程文件的全路径、使用的定额体系、工程属性等信息。

新建审计工程,是在原上报工程上,直接新建审计工程,即可在原工程基础上自动形成数据对比,并生成审核报表,审增审减及增减率结果一目了然,对照结果可直接打印或发送到Excel文档。

7.2.2 工程编制

工程编制按照工程造价手工编制流程设置工程节点,在工程管理器中,按从上到下的顺序进行,也可以按照个体习惯,改变操作顺序,程序会实时进行各节点的数据计算。

7.2.2.1 工程信息

本部分包括封面、编制说明、填表须知三部分,主要是文字部分,在项目数据列,按照工程实际,输入相应的内容即可,主要是供后续报表调用。

7.2.2.2 基础资料

基础资料节点包括参数设置、费用设置、人工、材料、电、风、水、机械台班、配合比、骨料系数等各项基础费用计算页面。

1. 参数设置

根据工程实际需要,使用下拉菜单的方式选择工程中各项公共参数.下面参数说明窗口中提供了与当前参数相对应的编制规定、文件规定等依据,当遇到某参数不知道选择哪项参数值时,可直接在参数说明中进行查阅,如图7-2所示。

2. 费用设置

当选择设置好参数后,进入费用设置页面,各取费程序会按参数中的设置,自动设置各项费率的默认值及详细的取费程序,如图7-3所示。

若实际工程不使用标准的默认值,可单独修改各项费率或使用设置费率的方式对费率进行批量修改,操作如下:

使用Shift或Ctrl键+鼠标左键对需要修改费率的取费程序定义为块,然后点击右侧

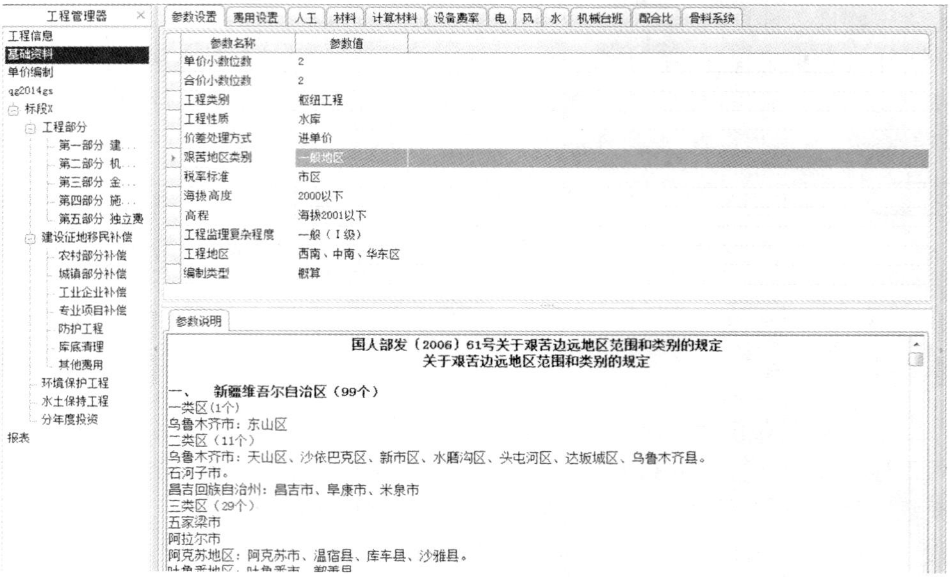

图 7-2 参数设置

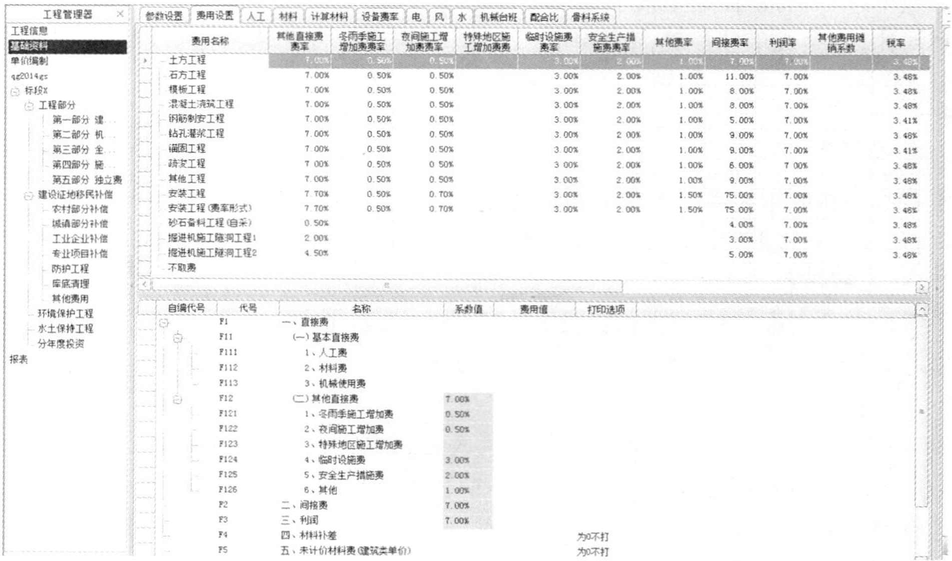

图 7-3 费用设置

的设置费率进行修改，若为空的则保留原有费率，若输入了值则更新为输入的费率值，如图 7-4 所示。

3. 人工预算单价

人工预算单价，默认按照参数设置中选择的工程类别和艰苦地区类别，自动计取的《编规》上面的人工单价，若需要修改，只需要勾选后面的“直接输入”即可，如图 7-5 所示。

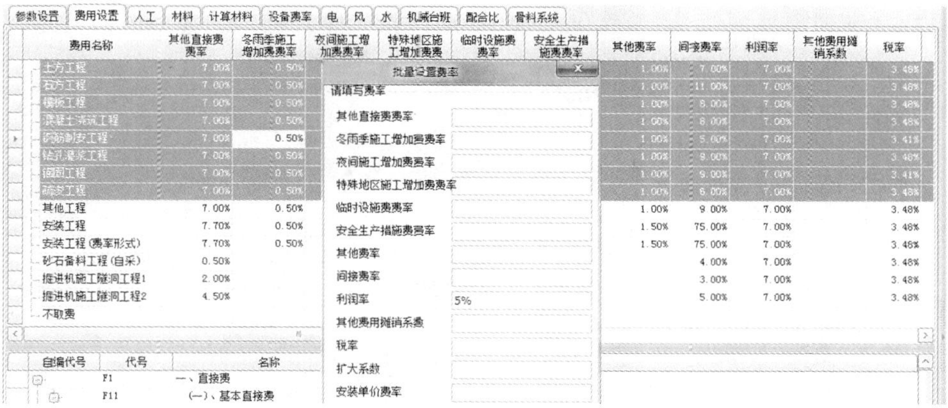

图 7-4 费率修改

图 7-5 人工预算单价

4. 材料价格计算

1) 直接输入材料预算价

按查询的信息价，在预算价列直接输入，也可使用右边功能菜单的导入材料价格，直接导入 Excel 文件中的材料价格，程序会自动根据材料名称及单位进行匹配，如图 7-6 所示。

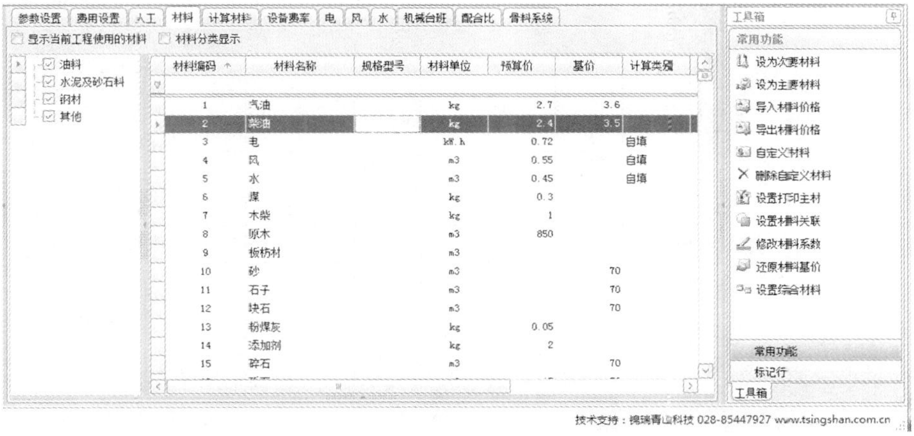

（编者注：图中 m3 应为 m^3，m2 应为 m^2，下同）

图 7-6 材料预算价输入

2) 修改材料系数

如当前所使用材料的预算价需要单个或者批量调整，可以先勾选显示当前工程使用的材料，选中某一个或者 Shift + 鼠标左键批量选中多个材料，接着在工具箱内点击“修改材料系数”，在弹出框中勾选“预算价”，选中“操作符”，输入相应的数据值即可，如图 7-7 所示。

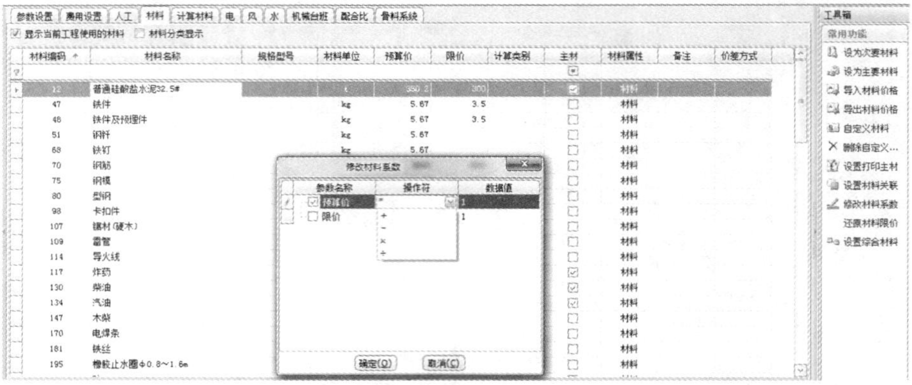

图 7-7　修改材料系数

3）计算材料预算价

将材料的计算类别，设置为计算材料，材料会自动添加到计算材料窗口中，也可在计算材料窗口中选择添加计算材料，如图 7-8 所示。

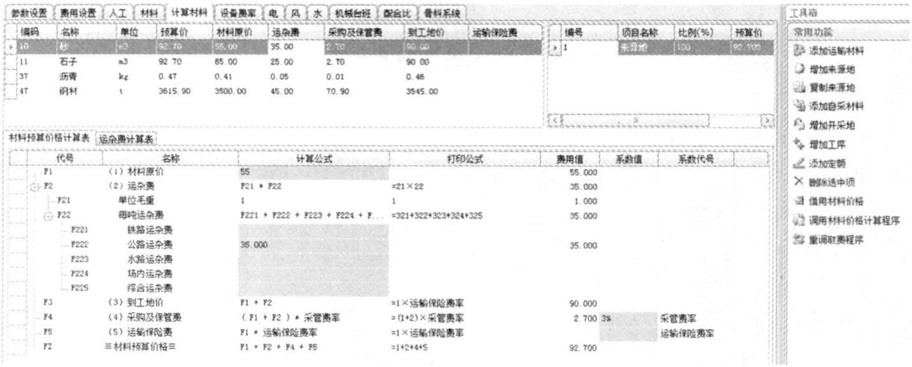

图 7-8　计算材料预算价操作

输入材料原价及运输保险费率及采管费率（如果有），进入“运杂费计算表”页面计算运杂费，程序自动列出该材料的单价，并传送到材料预算价中，如图 7-9 所示。

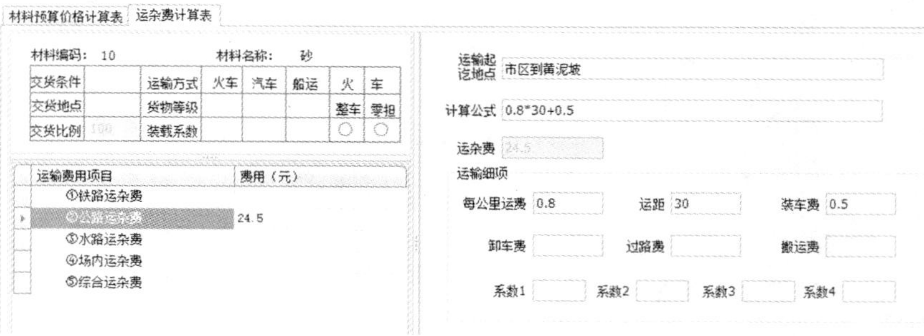

图 7-9　材料运输费计算

5. 电、风、水单价计算

电、风、水单价计算操作相同，仅套用的定额及属性设置有微小差别，下面以电单价计算为例。电、风、水单价均有直接输入和计算单价两种模式。

(1)直接输入：将"直接输入"下面的钩打上，在"预算价"栏中直接输入信息价上面的电单价即可，如图7-10所示。

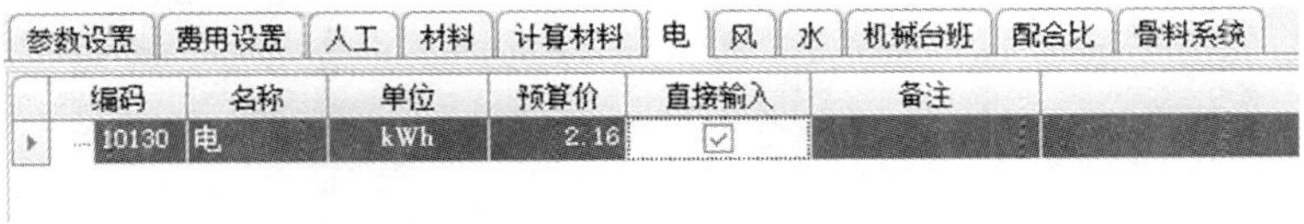

图7-10 电、风、水单价输入

(2)计算单价：将"直接输入"栏下面的"√"去掉后，界面上会自动出现"供电点"，点中"供电点"，下面窗口会出现当前供电点的计算窗口，可添加多个供电点，各供电点供电百分比根据工程情况修改，如图7-11所示。

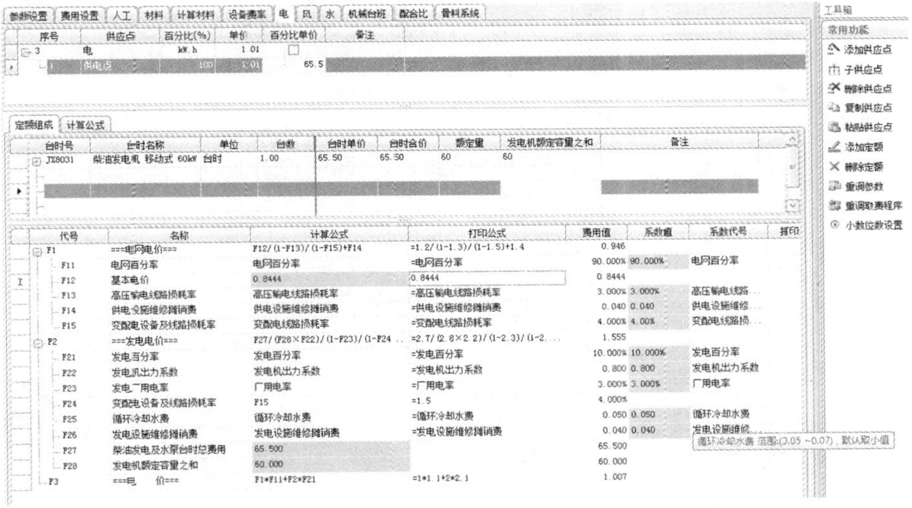

图7-11 电、风、水单价计算

在定额组成窗口，套用使用的发电机定额，输入台时数量，程序会自动计算出发电的台时总费用。在属性设置页面，输入电网电价及电网供电百分比，程序即自动计算出电的单价，风和水的计算方式类似。

6. 机械台班

标准机械台班不需要手工操作，程序自动按"人工""材料"页面中确定的人工、汽油、柴油等相关材料单价，计算机械台班的费用。若对机械台班的三类费用进行编辑，可在"机械台班"页面添加相应的机械台班进行编辑，三类费用直接输入，可双击添加和删除"机械台班"页面下面的子项，如图7-12所示。

7. 混凝土配合比编辑

标准的配合比材料价格不需要手工添加，程序会按"材料"页面中的砂、石、水泥等限价自动计算混凝土、砂浆的单价，如果使用的混凝土、砂浆的材料有变化，如增加添加剂、

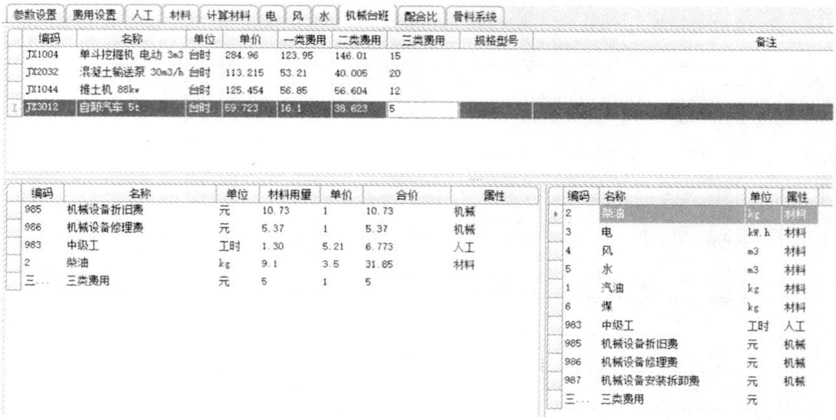

图 7-12 自定义机械台班

埋块石率等,则进入配合比页面进行修改。

(1)插入配合比。单击右侧窗口中的“插入配合”,可选择“标准库”中的配合比,也可以选择“当前工程”中使用到的配合比,双击添加到配合比窗口,如图 7-13 所示。

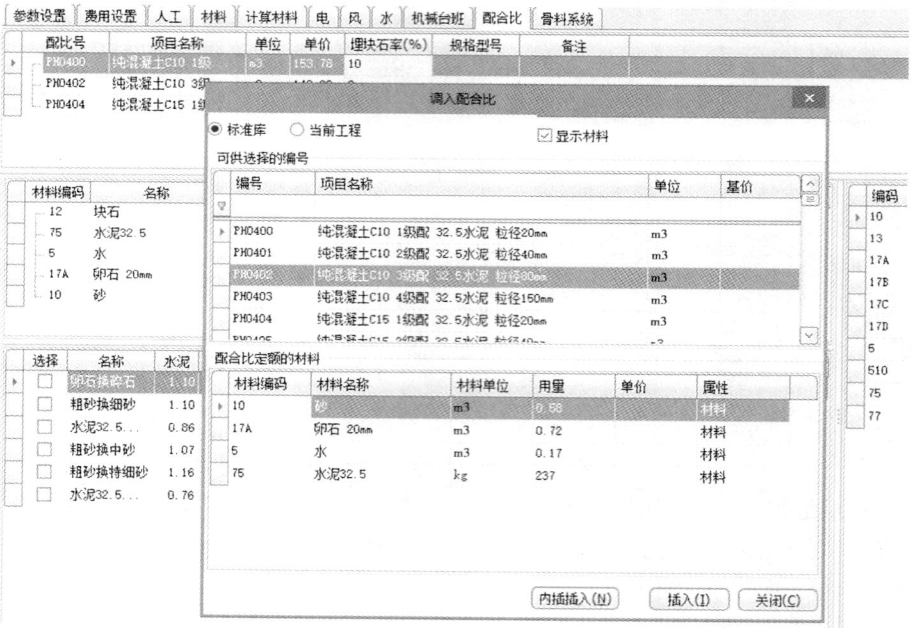

图 7-13 添加混凝土配合比

(2)编辑配合比。若使用的是埋块石混凝土,只需要在“埋块石率”栏输入埋块石率,程序会自动根据输入的埋石增加块石,同时换算混凝土中其他子材料的耗量,在定额中调用该配合比使用时,埋石混凝土定额增加的人工,程序也会自动计算。

如果要在该混凝土中添加外加剂,只需要双击右边窗口的“外加剂”即可,如图 7-14 所示。

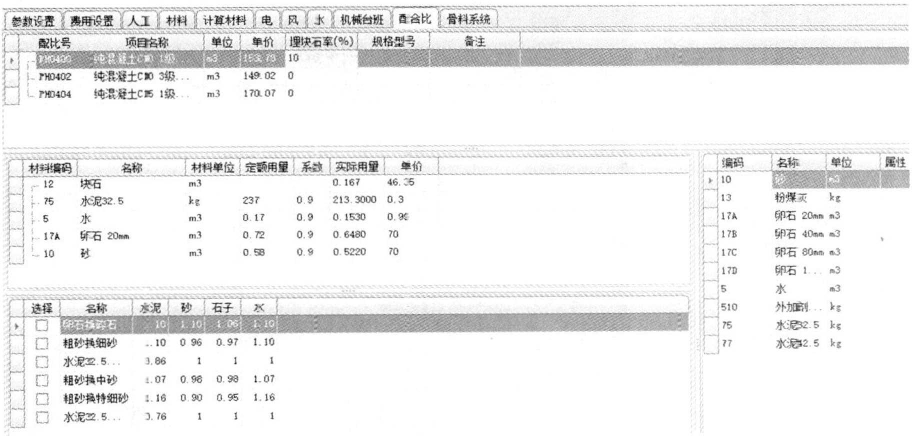

图 7-14 混凝土配合比编辑

7.2.2.3 工程部分(一至五部分)费用编辑

工程部分费用包括建筑工程、机电设备及安装工程、金属结构设备及安装工程、施工临时工程和独立费用五部分,其中建筑工程、机电设备及安装工程、金属结构设备及安装工程、施工临时工程项目费用计算方法基本一致,下面以建筑工程为例,学习相关操作。

1. 项目录入

(1)从项目划分中选择项目。在项目窗口空白区域双击鼠标左键或点击右边常用功能窗口的项目划分,弹出选择窗口,点击需要的项目,选择好后点击“确定”,所选项目会自动添加到工程项目窗口中,如图 7-15 所示。

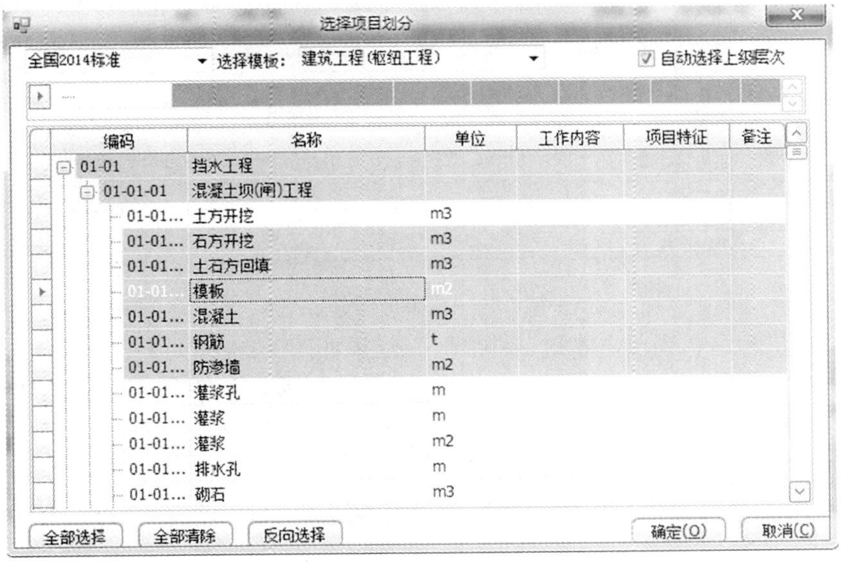

图 7-15 工程项目录入

(2)从 Excel 文档导入清单项目。选择右侧其他功能菜单中的导入清单,打开需要的 Excel 文档,选择相应的工作表,对应各列的属性,如果 Excel 中是序号则选择“序号识别”,如果为编码则选择“编码识别”,如图 7-16 所示。

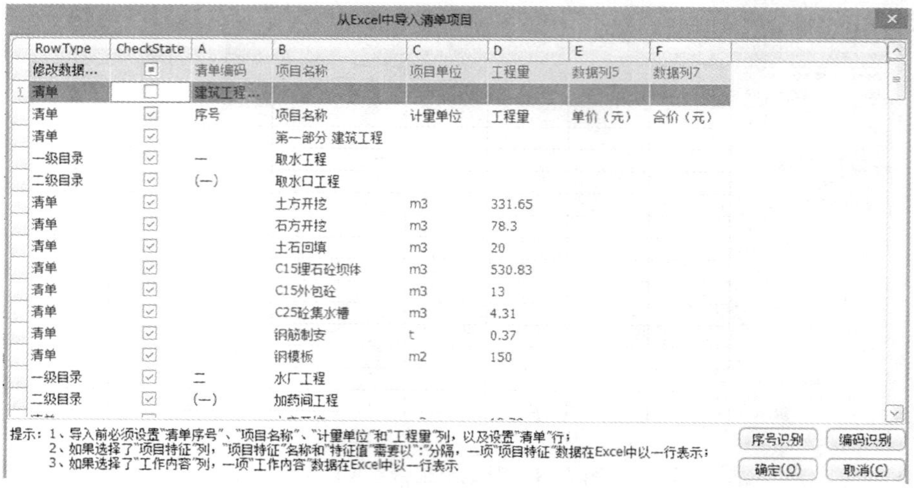

从Excel中导入清单项目

RowType	CheckState	A	B	C	D	E	F
修改数据...	■	清单编码	项目名称	项目单位	工程量	数据列5	数据列7
清单	□	建筑工程...					
清单	☑	序号	项目名称	计量单位	工程量	单价（元）	合价（元）
清单	☑		第一部分 建筑工程				
一级目录	☑	一	取水工程				
二级目录	☑	(一)	取水口工程				
清单	☑		土方开挖	m3	331.65		
清单	☑		石方开挖	m3	78.3		
清单	☑		土石回填	m3	20		
清单	☑		C15埋石砼坝体	m3	530.83		
清单	☑		C15外包砼	m3	13		
清单	☑		C25砼集水槽	m3	4.31		
清单	☑		钢筋制安	t	0.37		
清单	☑		钢模板	m2	150		
一级目录	☑	二	水厂工程				
二级目录	☑	(一)	加药间工程				

（编者注：图中砼即混凝土，下同）

图 7-16 Excel 文档导入清单项目

识别后，若目录层次不准确，可手动选择修改，不需要的项目，只需要将前面的"✓"去掉，导入时就自动去掉了。

（3）从 Excel 或 Word 文档中复制、粘贴项目（程序支持复制某一块，也可复制某一列数据），打开文件，块框选所需要的项目行和相应的列，如图 7-17 所示。

建筑工程预算表

序号	工程或费用名称	单位	数量	单价（元）	合计（元）
	第一部分 建筑工程				687512.33
1	挡水工程				683246.33
1.1	泄洪、冲沙闸工程				683246.33
1.1.1	覆盖层开挖	m3	64259	3.60	231332.40
1.1.2	石方洞挖	m3	31	18.46	572.26
1.1.3	反滤料填筑	m3	48	18.46	886.08
2	输水工程				4266.00
2.1	取水口工程				4266.00
2.1.1	覆盖层开挖	m3	1185	3.60	4266.00

图 7-17 清单项目复制

在软件中工程名称列单击右键，粘贴即可，结果如图 7-18 所示。

项目所有信息均可以随时修改，插入、删除项目时，项目序号自动设置，在工程量计算式中，可直接输入计算公式。

2. 项目单价

对项目组价时，可采用直接输入单价、套用定额组价、套用已有的单价、工程特项组价等多种方式。

1）直接输入单价

在项目对应的综合单价处直接输入单价金额，该方式输入的单价，没有单价分析的信息。

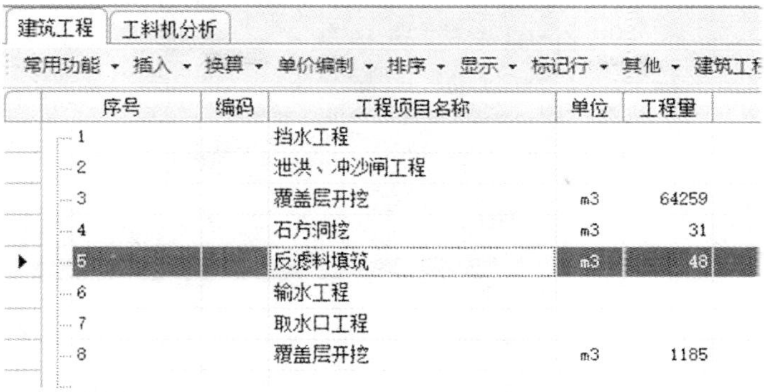

图 7-18 清单项目粘贴

2）套用定额组价

（1）直接输入定额：在定额窗口，定额号列直接输入定额编号，即可调用输入的定额信息，若输入的定额编号不存在，会自动弹出自编定额窗口。

（2）查询套定额：在定额窗口双击鼠标左键或点击常用功能菜单下的定额，会弹出“定额查询”窗口，如图 7-19 所示。

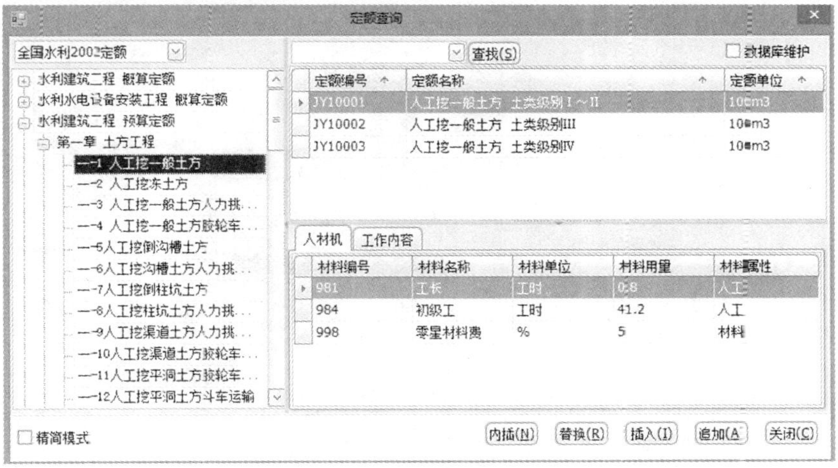

图 7-19 定额查询

选择需要的定额，双击鼠标左键或单击下面的“插入”即可将选用的定额插入到当前项目。

若套用的定额存在子定额（如混凝土、砂浆等定额），程序会自动弹出子定额选择窗口，也可采用双击的方式进行选择，如图 7-20 所示。

若套用的定额存在类似的材料或机械，当需要多选一时，程序也会自动弹出选择窗口，也需要双击进行选择，如图 7-21 所示。

（3）借用定额。若需要使用的定额在当前定额体系中不存在，需要借用其他行业相关定额，只需要在查询套定额窗口，选择其他可借用的行业定额（如水电、公路、房建、土地整理等定额），双击“套用”即可，如图 7-22 所示。

（4）定额换算。在“定额”窗口，点击“换算”下拉菜单，选择“定额换算”，可对定额中

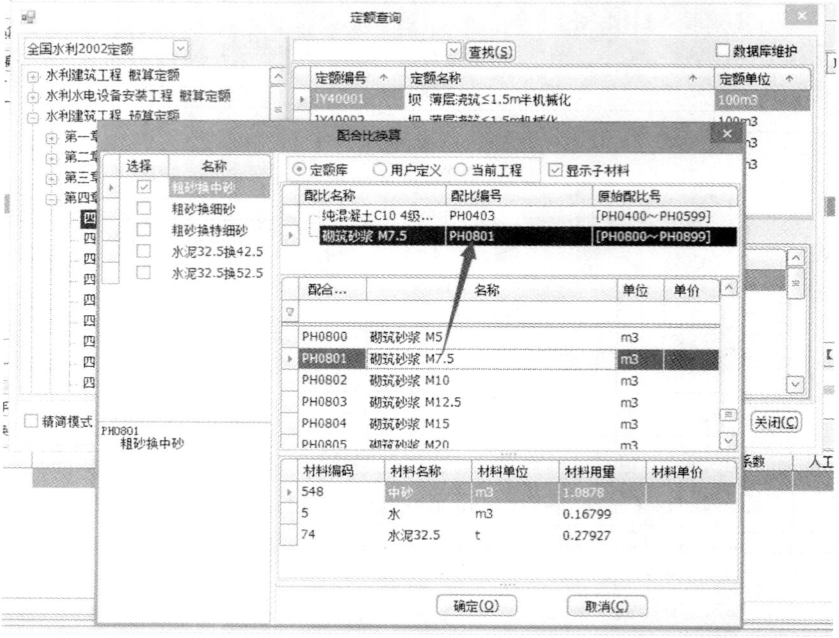

图 7-20　子定额选择

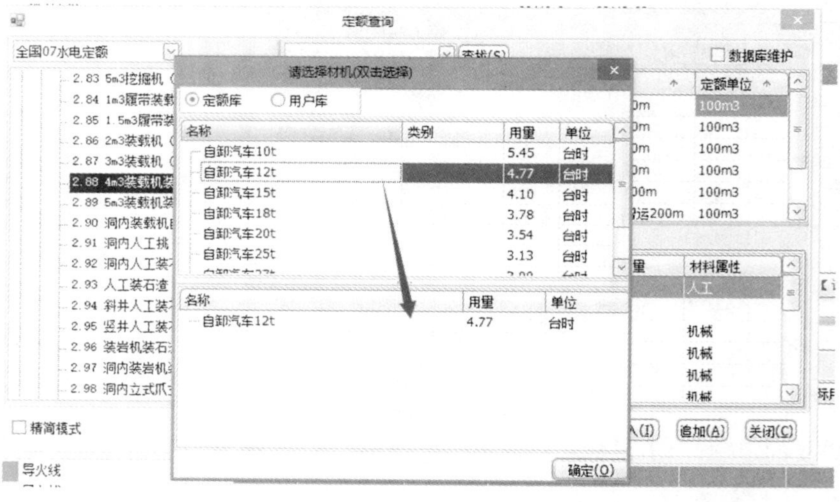

图 7-21　定额材机选择

的人材机及定额进行加、减、乘、除系数换算；选择“材料抽换”，可以替换已有材料，如图 7-23所示。

（5）增加、删除人材机。增加人材机，在“定额”窗口点击插入下拉菜单，可以直接插入已有的人材机或自定义的人材机，如图 7-24 所示；删除人材机，直接在需要删除的人材机条目上点击右键，选择删除，也可直接使用键盘上的 Del 键删除。

（6）未计价装置性材料。在机电设备和金属结构项目中，需要处理未计价装置性材料时，只需要将未计价装置性材料像普通材料一样添加，然后将材料属性修改为“装材”

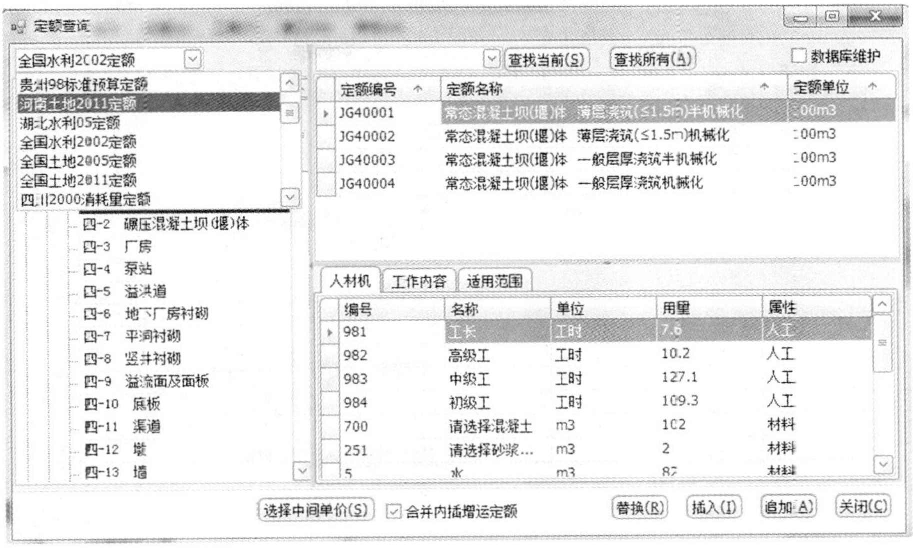

图 7-22　借用定额

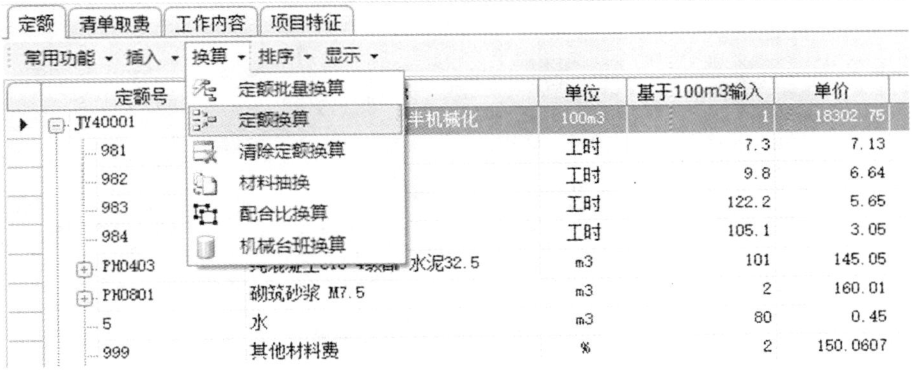

图 7-23　定额换算

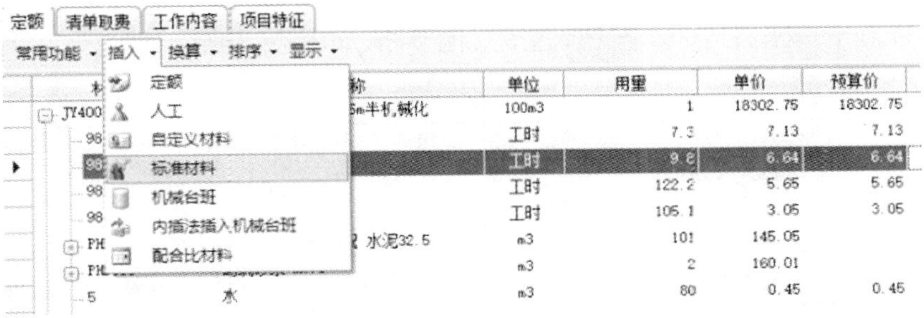

图 7-24　增删人材机

即可，如图 7-25 所示。

(7) 设备费。在基础资料、设备运杂费率中，计算出各类设备运杂费率，如图 7-26 所示。

在设备项目对应的设备原价处，输入设备原价，块选择需要统一计算运杂费的设备项

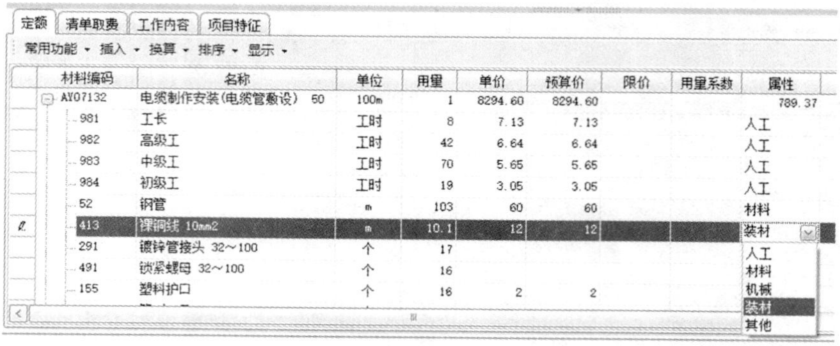

图 7-25 未计价装置性材料选择

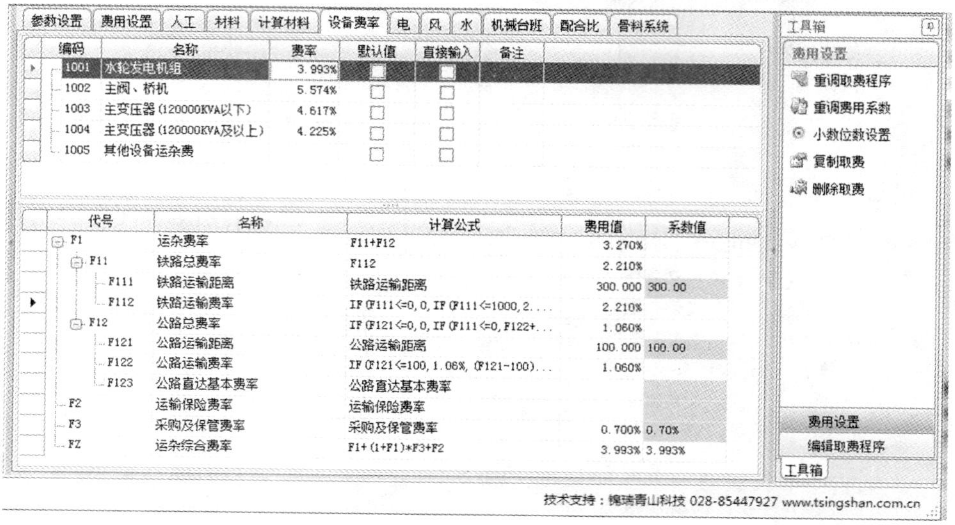

图 7-26 设备运杂费费率计算

目，点击插入功能菜单中的设备运杂费，程序自动在当前目录下单独插入一行设备运杂费，取费基数自动取所选择的项目的设备费总价。若当前用到的设备运杂费率不是默认的费率，可以点击费率右边的小按钮，选择其他费率，如图 7-27 所示。

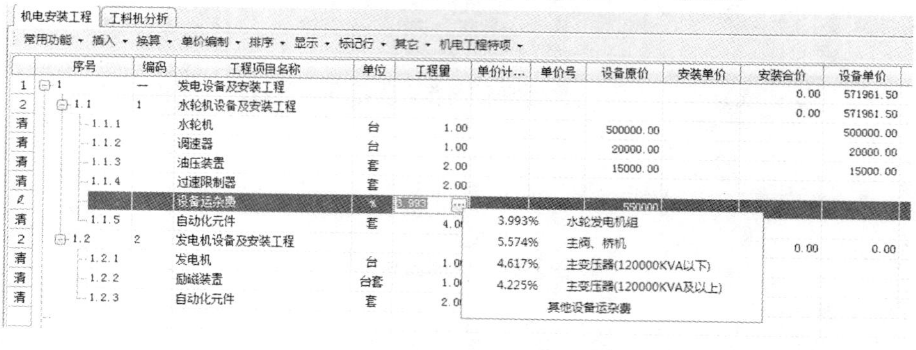

图 7-27 设备运杂费费率选择

(8)工料机。项目及定额组价完毕，进入工料机分析页面，可以查看到本节点下用到的所有人材机总耗量，若发现某一耗量异常，可以双击该材料，进入材料来源窗口，查看该材料的来源，双击可直接定位到该材料来源位置，如图 7-28 所示。

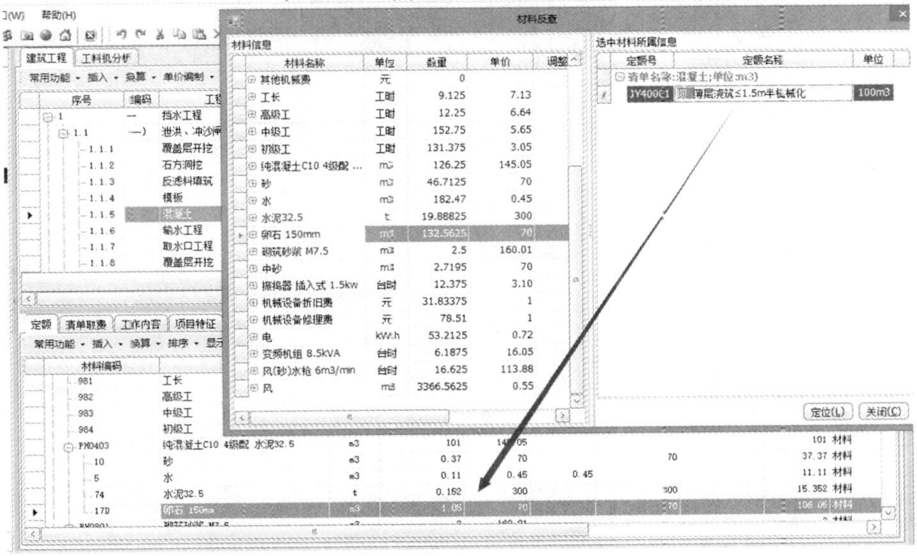

图 7-28　工料机来源反查

3）套用已有的单价

一个工程中，有很多项目单价相同，不希望做重复组价工作，可直接使用套用单价功能，使用 Ctrl + 鼠标左键选择单价相同的项目（也可以使用查找/替换功能自动选择条件相同的多条项目），使用单价编制中的套用单价功能，一键组价。

4）工程特项组价

对于工程中的细部结构、生活福利建筑等特殊费用项目的计算，软件针对不同计算类型，编制了特项的计算方法，使用时直接插入相应的特项费用即可，程序会根据不同计算类型自动计算。如细部结构，在不同章节，插入细部结构，选择结构类型，程序会自动提取该部分的混凝土工程量为计算基数，单价按选择的结构类型对应的费用计算，插入生活福利建筑工程时，勾选需要计取的项目范围，输入相应费率即可，如图 7-29 所示。

插入工程特项的计算，相关计费基数部分的金额发生变化，本项费用会自动计算。

7.2.2.4　独立费用计算

软件默认按编规及勘察设计、监理等标准，定义了独立费的标准项目及相关费率，使用时，只需要按工程实际情况修改相应的费率就可以了，如联合试运转费的单机容量、台数，勘察设计费的专业调整系数、工程复杂程度调整系数等，如图 7-30 所示。

7.2.2.5　建设征地移民补偿、环境保护、水土保持工程

该部分费用，需要使用相应标准，计算相应的费用，报相关部门审批，水利项目总表里面只需要按照相关部门审批的专项报告金额直接填入即可。

7.2.2.6　分年度投资

根据工程投资情况，输入工期时间、物价指数、贷款利率、资本金比例、基本预备费比例等基础数据，软件会自动生成年度数据表，在年度数据表中输入各年度投资比值，程序

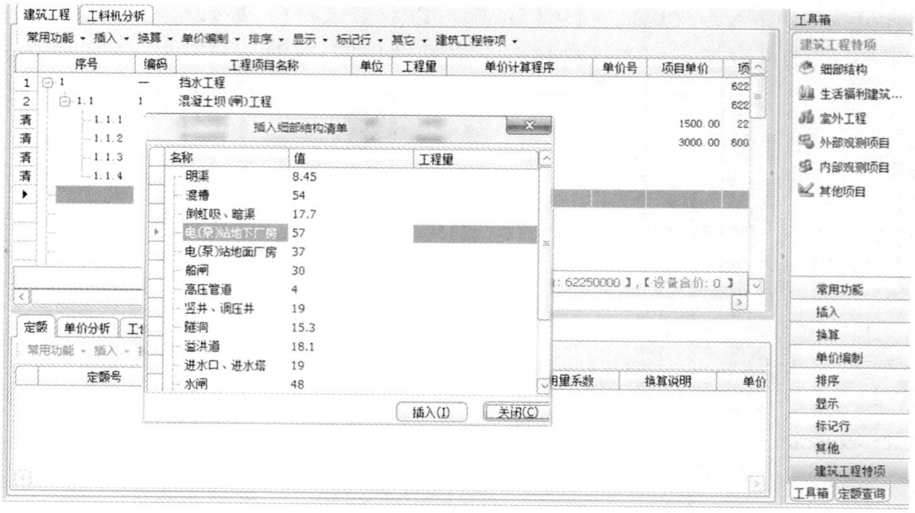

图 7-29 工程特项计算

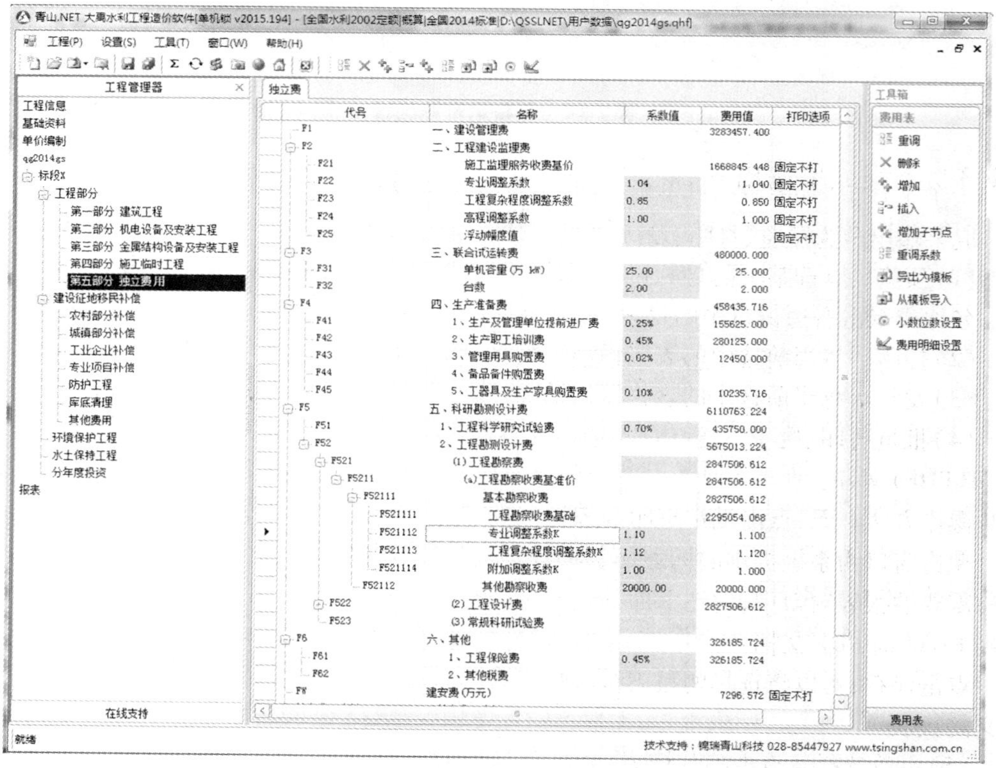

图 7-30 独立费用设置

会自动计算出各分部各年投资金额,以及价差预备费、融资利息、资金流量表等相差数据,如图 7-31 所示。

图中各级别层次数据,不需要逐项输入,如果输入数据的下面行没有输入数据,程序自动默认为与上面的数据相同,只有输入了不同数据,程序才按新的数据计算,减少输入。

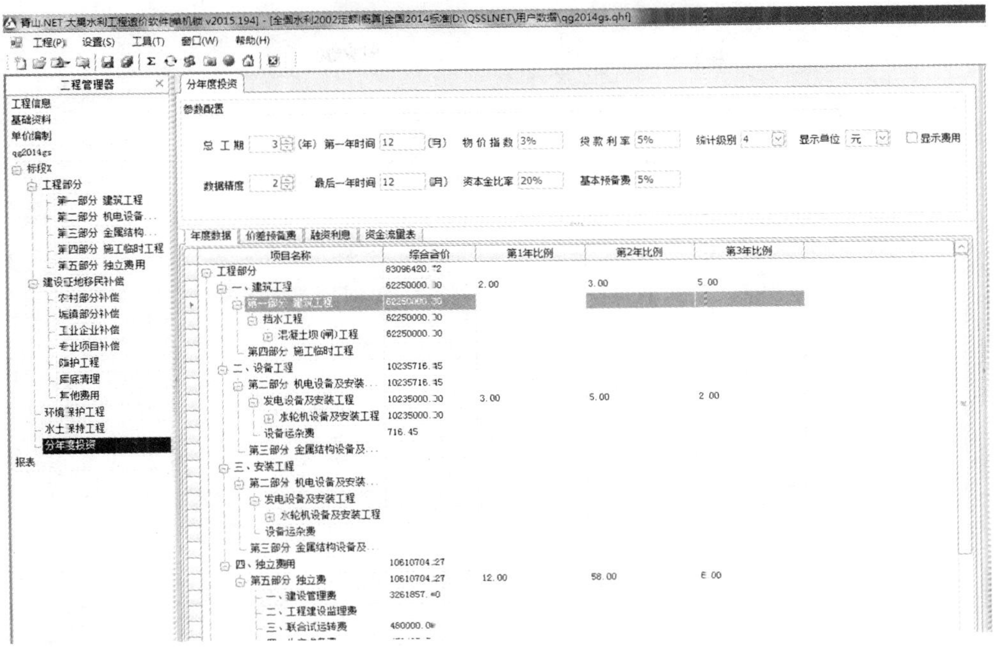

图 7-31　分年度投资设置

7.2.3　工程成果输出

成果输出分为预览、打印、发送、参数选择、调整、设计几大部分。

(1) 预览。点选某个需要的报表，右边会显示相应的报表样式，若需查看详细内容，双击名称或双击右边窗口中的报表，即可放大报表页面查看。

(2) 打印。将当前选中的表格输出到打印机，打印成果文件。

(3) 发送。将当前选中的表格发送到 Excel 文档。

(4) 批量打印、批量发送。自由选择所需要的一套报表，批量输出到打印机或发送到 Excel(PDF)文件。

操作方法如下：点击批量打印或批量发送，弹出窗口，如图 7-32 所示。

左边窗口为系统提供的标准报表及自定义报表，勾选或双击左边的表格，选择到右边当前需要的报表窗口中，勾选下面的选择项，点击“确定”即可将当前选择的报表组合发送到 Excel 或 PDF 文档。

点击保存，可以将选择的报表组，保存为自定义报表，再次使用时，可以直接选择自己定义的报表。

(5) 参数选择。点击参数按钮，会弹出与当前报表相关的各项参数，通过各种参数的组合，可以组合成各种样式的报表，满足实际工作中各种不同样式的格式要求，如图 7-33 所示。

(6) 调整。点击“调整”按钮，会弹出当前选中报表的调整窗口，通过各种选择项，可以对当前表格的字体、字号、行距、边界等进行设置；窗口右边部分是对报表列数据进行控制的设置，各选择项作用于当前选择的数据列，包括该列的字体、字号、表格线，该列是否

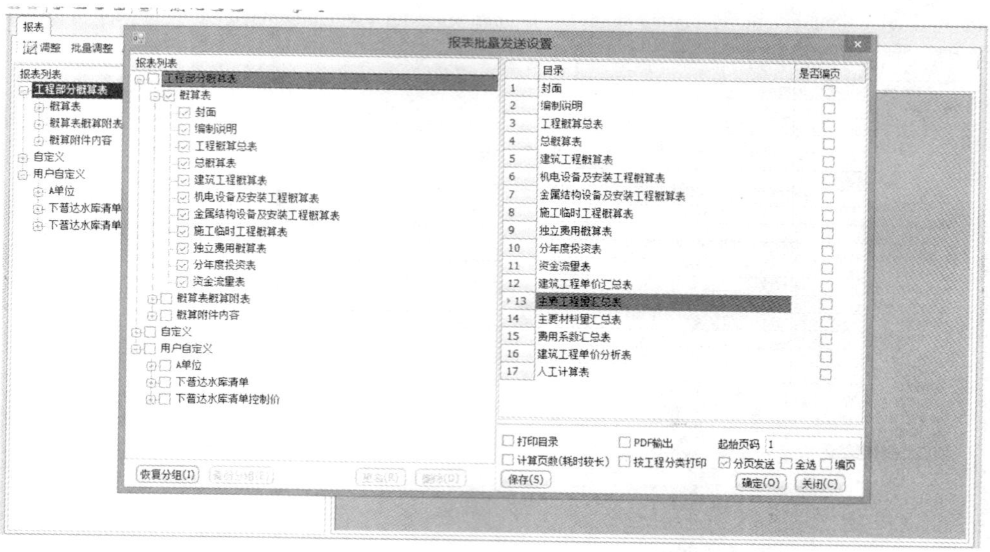

图 7-32 报表发送

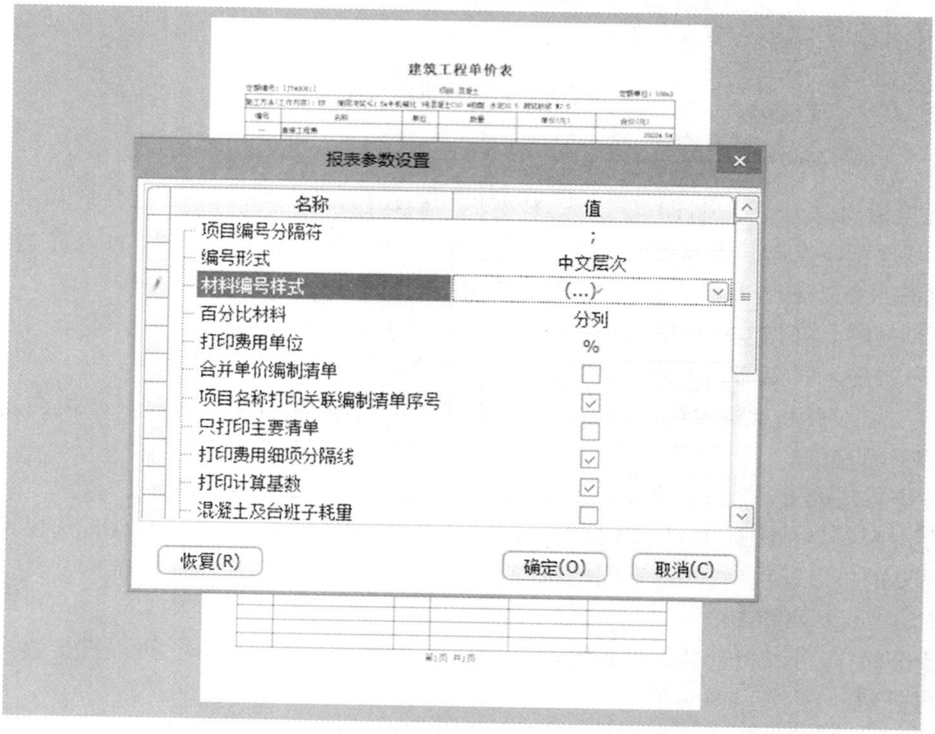

图 7-33 报表参数设置

打印,是否自动换行等设置,如图 7-34 所示。

(7)设计。若通过调整和参数设置,还不能满足所需要的报表要求,点击 设计 可以在软件中直接对报表格式进行修改,如图 7-35 所示。

报表中的文字均可以双击直接修改,表格边框线、对齐方式等可以像 Word 或 Excel

图7-34 报表调整

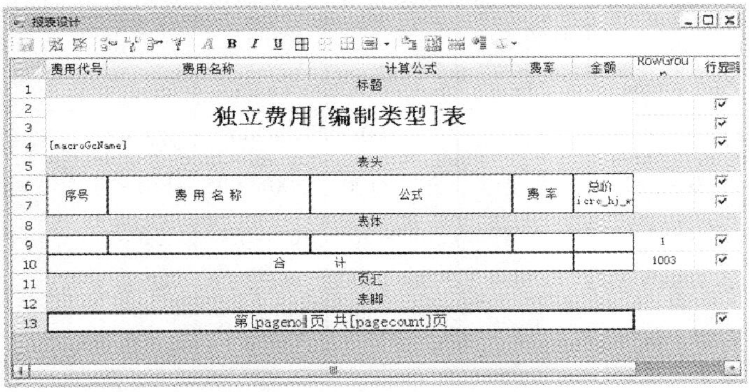

图7-35 报表设计

文档一样进行修改设置,注意[ ]以内的内容属于变量名称,不要随意修改,若需要改变宏变量的内容,可以点击快捷按钮中的变量列表,双击需要的宏变量进行更换,如“第××页 共×××页”要修改为“-××-”只需要把“第[pageno]页 共[pagecount]页”改为“-[pageno]-”就可以了。

若其行的数据在当前表格中不打印,不需要删除该行,把后面行显隐的“✓”去掉,打印时就会自动隐藏该行,需要打印时再勾选上就行了。

表脚同步,可以将当前修改的表格,同步到所选择的所有报表的页脚,不需要每张报表都修改。

(8)还原。如果修改了标准的报表,且修改有错误,可点击“还原”按钮,将已经修改的报表还原到软件默认的格式。

附 录

附录 1 水利水电工程等级划分标准

根据《水利水电工程等级划分及洪水标准》(SL 252—2000)及其他现行水利水电工程等级划分的相关规范,汇总工程等别划分标准如下(若规范有变化,应进行相应调整):

(1)水利水电工程的等别应根据其工程规模、效益及在国民经济中的重要性按附表 1-1确定。

附表 1-1 水利水电工程分等指标

工程等别	工程规模	水库总库容(亿 m^3)	防洪		治涝	灌溉	供水	发电
			保护城镇及工矿企业的重要性	保护农田(万亩)	治涝面积(万亩)	灌溉面积(万亩)	供水对象重要性	装机容量(万 kW)
Ⅰ	大(1)型	≥10	特别重要	≥500	≥200	≥150	特别重要	≥120
Ⅱ	大(2)型	10 ~ 1.0	重要	500 ~ 100	200 ~ 60	150 ~ 50	重要	120 ~ 30
Ⅲ	中型	1.0 ~ 0.10	中等	100 ~ 30	60 ~ 15	50 ~ 5	中等	30 ~ 5
Ⅳ	小(1)型	0.10 ~ 0.01	一般	30 ~ 5	15 ~ 3	5 ~ 0.5	一般	5 ~ 1
Ⅴ	小(2)型	0.01 ~ 0.001		<5	<3	<0.5		<1

注:1 亩 = 1/15 hm^2。

对综合利用的水利水电工程,当按各综合利用项目的分等指标确定的等别不同时,其工程等别应按其中最高等别确定。

(2)拦河水闸工程的等别,应根据其过闸流量,按附表 1-2 确定。

附表 1-2 拦河水闸工程分等指标

工程等别	工程规模	过闸流量(m^3/s)
Ⅰ	大(1)型	≥5 000
Ⅱ	大(2)型	5 000 ~ 1 000
Ⅲ	中型	1 000 ~ 100
Ⅳ	小(1)型	100 ~ 20
Ⅴ	小(2)型	<20

(3)灌溉、排水泵站的等别,应根据其装机容量与装机功率,按附表 1-3 确定。城镇供水泵的等别,应根据其供水对象的重要性按附表 1-3 确定。

附表 1-3 灌溉、排水泵站分等指标

工程等别	工程规模	过闸装机容量(m^3/s)	装机功率(万 kW)
Ⅰ	大(1)型	≥200	≥3
Ⅱ	大(2)型	200~50	3~1
Ⅲ	中型	50~10	1~0.1
Ⅳ	小(1)型	10~2	0.1~0.01
Ⅴ	小(2)型	<2	<0.01

注:1. 装机容量、装机功率是指包括备用机组在内的单站指标。

2. 当泵站按分等指标分属两个不同等别时,其等别按其中高的等别确定。

3. 由多级或多座泵站联合组成的泵站系统工程的等别,可按其系统的指标确定。

根据《灌溉与排水工程设计规范》(GB 50288—99),汇总灌溉渠道及建筑物工程级别标准如下(若规范有变化,应进行相应调整):

(1)灌溉渠道或排水沟的级别应根据灌溉或排水流量的大小,按附表 1-4 确定。对于灌溉结合的渠道工程,当按灌溉和排水流量分属两个不同工程级别时,应按其中较高的级别确定。

附表 1-4 灌排沟渠工程分级指标

工程级别	1	2	3	4	5
灌溉流量(m^3/s)	>300	300~100	100~20	20~5	<5
排水流量(m^3/s)	>500	500~200	200~50	50~10	<10

(2)水闸、渡槽、倒虹吸、涵洞、隧洞、跌水与陡坡等灌排建筑物的级别,应根据过水流量的大小,按附表 1-5 确定。

附表 1-5 灌排建筑物分级指标

工程级别	1	2	3	4	5
过水流量(m^3/s)	>300	300~100	100~20	20~5	<5

附录 2　工程项目划分

一、第一部分　建筑工程

附表 2-1

I	枢纽工程			
序号	一级项目	二级项目	三级项目	备注
一	挡水工程			
1		混凝土坝(闸)工程		
			土方开挖	
			石方开挖	
			土石方回填	
			模板	
			混凝土	
			钢筋	
			防渗墙	
			灌浆孔	
			灌浆	
			排水孔	
			砌石	
			喷混凝土	
			锚杆(索)	
			启闭机室	
			温控措施	
			细部结构工程	
2		土(石)坝工程		
			土方开挖	
			石方开挖	
			土料填筑	
			砂砾料填筑	
			斜(心)墙土料填筑	
			反滤料、过渡料填筑	

续附表 2-1

序号	一级项目	二级项目	三级项目	备注
2			坝体堆石填筑	
			铺盖填筑	
			土工膜(布)	
			沥青混凝土	
			模板	
			混凝土	
			钢筋	
			防渗墙	
			灌浆孔	
			灌浆	
			排水孔	
			砌石	
			喷混凝土	
			锚杆(索)	
			面(趾)板止水	
			细部结构工程	
二	泄洪工程			
1		溢洪道工程		
			土方开挖	
			石方开挖	
			土石方回填	
			模板	
			混凝土	
			钢筋	
			灌浆孔	
			灌浆	
			排水孔	
			砌石	
			喷混凝土	
			锚杆(索)	

续附表 2-1

序号	一级项目	二级项目	三级项目	备注
1			启闭机室 温控措施 细部结构工程	
2		泄洪洞工程	 土方开挖 石方开挖 模板 混凝土 钢筋 灌浆孔 灌浆 排水孔 砌石 喷混凝土 锚杆(索) 钢筋网 钢拱架、钢格栅 细部结构工程	
3		冲沙孔(洞)工程		
4		放空洞工程		
5		泄洪闸工程		
三	引水工程			
1		引水明渠工程	 土方开挖 石方开挖 模板 混凝土 钢筋 砌石 锚杆(索) 细部结构工程	

续附表 2-1

序号	一级项目	二级项目	三级项目	备注
2		进(取)水口工程		
			土方开挖	
			石方开挖	
			模板	
			混凝土	
			钢筋	
			砌石	
			锚杆(索)	
			细部结构工程	
3		引水隧洞工程		
			土方开挖	
			石方开挖	
			模板	
			混凝土	
			钢筋	
			灌浆孔	
			灌浆	
			排水孔	
			砌石	
			喷混凝土	
			锚杆(索)	
			钢筋网	
			钢拱架、钢格栅	
			细部结构工程	
4		调压井工程		
			土方开挖	
			石方开挖	
			模板	
			混凝土	

续附表 2-1

序号	一级项目	二级项目	三级项目	备注
4			钢筋	
			灌浆孔	
			灌浆	
			砌石	
			喷混凝土	
			锚杆(索)	
			细部结构工程	
5		高压管道工程		
			土方开挖	
			石方开挖	
			模板	
			混凝土	
			钢筋	
			灌浆孔	
			灌浆	
			砌石	
			锚杆(索)	
			钢筋网	
			钢拱架、钢格栅	
			细部结构工程	
四	发电厂(泵站)工程			
1		地面厂房工程		
			土方开挖	
			石方开挖	
			土石方回填	
			模板	
			混凝土	
			钢筋	
			灌浆孔	
			灌浆	

续附表 2-1

序号	一级项目	二级项目	三级项目	备注
1			砌石 锚杆(索) 温控措施 厂房建筑 细部结构工程	
2		地下厂房工程	 石方开挖 模板 混凝土 钢筋 灌浆孔 灌浆 排水孔 喷混凝土 锚杆(索) 钢筋网 钢拱架、钢格栅 温控措施 厂房装修 细部结构工程	
3		交通洞工程	 土方开挖 石方开挖 模板 混凝土 钢筋 灌浆孔 灌浆 喷混凝土 锚杆(索)	

续附表 2-1

序号	一级项目	二级项目	三级项目	备注
3			钢筋网 钢拱架、钢格栅 细部结构工程	
4		出线洞(井)工程		
5		通风洞(井)工程		
6		尾水洞工程		
7		尾水调压井工程		
8		尾水渠工程		
			土方开挖 石方开挖 土石方回填 模板 混凝土 钢筋 砌石 锚杆(索) 细部结构工程	
五	升压变电站工程			
1		变电站工程		
			土方开挖 石方开挖 土石方回填 模板 混凝土 钢筋 砌石 钢材 细部结构工程	
2		开关站工程		
			土方开挖	

续附表 2-1

序号	一级项目	二级项目	三级项目	备注
2			石方开挖	
			土石方回填	
			模板	
			混凝土	
			钢筋	
			砌石	
			钢材	
			细部结构工程	
六	航运工程			
1		上游引航道工程		
			土方开挖	
			石方开挖	
			土石方回填	
			模板	
			混凝土	
			钢筋	
			砌石	
			锚杆(索)	
			细部结构工程	
2		船闸(升船机)工程		
			土方开挖	
			石方开挖	
			土石方回填	
			模板	
			混凝土	
			钢筋	
			灌浆孔	
			灌浆	
			锚杆(索)	
			温控措施	
			细部结构工程	

续附表 2-1

序号	一级项目	二级项目	三级项目	备注
3		下游引航道工程		
七	鱼道工程			
八	交通工程			
1		公路工程 铁路工程 桥梁工程 码头工程		
九	房屋建筑工程			
1		辅助生产建筑		
2		仓库		
3		办公用房		
4		值班宿舍及文化福利建筑		
5		室外工程		
十	供电设施工程			
十一	其他建筑工程			
1		安全监测设施工程		
2		照明线路工程		
3		通信线路工程		
4		厂坝(闸、泵站)区供水、供热、排水等公用设施		
5		劳动安全与工业卫生设施		
6		水文、泥沙监测设施工程		
7		水情自动测报系统工程		
8		其他		
Ⅱ	引水工程			
一	渠(管)道工程			

续附表 2-1

序号	一级项目	二级项目	三级项目	备注
1		××～××段干渠(管)工程		含附属小型建筑物
			土方开挖	
			石方开挖	
			土石方回填	
			模板	
			混凝土	
			钢筋	
			输水管道	各类管道(含钢管)
			管道附件及阀门	项目较多时可另附表
			管道防腐	
			砌石	
			垫层	
			土工布	
			草皮护坡	
			细部结构工程	
2		××～××段支渠(管)工程		
二	建筑物工程			
1		泵站工程(扬水站、排灌站)		
			土方开挖	
			石方开挖	
			土石方回填	
			模板	
			混凝土	
			钢筋	
			砌石	
			厂房建筑	
			细部结构工程	

续附表 2-1

序号	一级项目	二级项目	三级项目	备注
2		水闸工程		
			土方开挖	
			石方开挖	
			土石方回填	
			模板	
			混凝土	
			钢筋	
			灌浆孔	
			灌浆	
			砌石	
			启闭机室	
			细部结构工程	
3		渡槽工程		
			土方开挖	
			石方开挖	
			土石方回填	
			模板	
			混凝土	
			钢筋	
			预应力锚索(筋)	钢绞线、钢丝束、钢筋
			渡槽支撑	或高大跨渡槽措施费
			砌石	
			细部结构工程	
4		隧洞工程		
			土方开挖	
			石方开挖	
			土石方回填	
			模板	
			混凝土	

续附表 2-1

序号	一级项目	二级项目	三级项目	备注
4			钢筋 灌浆孔 灌浆 砌石 喷混凝土 锚杆(索) 钢筋网 钢拱架、钢格栅 细部结构工程	
5		倒虹吸工程		含附属调压、检修设施
6		箱涵(暗渠)工程		含附属调压、检修设施
7		跌水工程		
8		动能回收电站工程		
9		调蓄水库工程		
10		排水涵(渡槽)		或排洪涵(渡槽)
11		公路交叉(穿越)建筑物		
12		铁路交叉(穿越)建筑物		
13		其他建筑物工程		
三	交通工程			
1		对外工程		
2		运行管理维护道路		
四	房屋建筑工程			
1		辅助生产建筑		
2		仓库		
3		办公用房		
4		值班宿舍及文化福利建筑		
5		室外工程		

续附表 2-1

序号	一级项目	二级项目	三级项目	备注
五	供电设施工程			
六	其他建筑工程			
1		安全监测设施工程		
2		照明线路工程		
3		通信线路工程		
4		厂坝(闸、泵站)区供水、供热、排水等公用设施		
5		劳动安全与工业卫生设施		
6		水文、泥沙监测设施工程		
7		水情自动测报系统工程		
8		其他		
Ⅲ	河道工程			
一	河湖整治与堤防工程			
1		××～××段堤防工程		
			土方开挖	
			土方回填	
			模板	
			混凝土	
			砌石	
			土工布	
			防渗墙	
			灌浆	
			草皮护坡	
			细部结构工程	
2		××～××段河道(湖泊)整治工程		
3		××～××段河道疏浚工程		
二	灌渠工程			

续附表 2-1

序号	一级项目	二级项目	三级项目	备注
1		××～××段渠(管)道工程		
			土方开挖	
			土方回填	
			模板	
			混凝土	
			砌石	
			土工布	
			输水管道	
			细部结构工程	
三	日间工程			
1		××～××段渠(管)道工程		
2		田间土地平整		
四	建筑物工程			根据设计要求计列
1		水闸工程		
2		泵站工程(扬水站、排灌站)		
3		其他建筑物		
五	交通工程			
六	房屋建筑工程			
1		辅助生产建筑		
2		仓库		
3		办公用房		
4		值班宿舍及文化福利建筑		
5		室外工程		
七	供电设施工程			
八	其他建筑工程			
1		安全监测设施工程		
2		照明线路工程		
3		通信线路工程		

续附表 2-1

序号	一级项目	二级项目	三级项目	备注
4		厂坝（闸、泵站）区供水、供热、排水等公用设施		
5		劳动安全与工业卫生设施		
6		水文、泥沙监测设施工程		
7		其他		

二、第二部分　机电设备及安装工程

附表 2-2

I	枢纽工程			
序号	一级项目	二级项目	三级项目	技术经济指标
一	发电设备及安装工程			
1		水轮机设备及安装工程		
			水轮机	元/台
			调速器	元/台
			油压装置	元/台套
			过速限制器	元/台套
			自动化元件	元/台套
			透平油	元/t
2		发电机设备及安装工程		
			发电机	元/台
			励磁装置	元/台套
			自动化元件	元/台套
3		主阀设备及安装工程		
			蝴蝶阀（球阀、锥形阀）	元/台
			油压装置	元/台
4		其中设备及安装工程		
			桥式起重机	元/t（台）

续附表 2-2

序号	一级项目	二级项目	三级项目	技术经济指标
4			转子吊具	元/t(台)
			平衡梁	元/t(副)
			轨道	元/双 10 m
			滑触线	元/三相 10 m
5		水力机械辅助设备及安装工程		
			油系统	
			压气系统	
			水系统	
			水力量测系统	
			管路(管子、附件、阀门)	
6		电气设备及安装工程		
			发电电压装置	
			控制保护系统	
			直流系统	
			厂用电系统	
			电工试验设备	
			35 kV 及以下动力电缆	
			控制和保护电缆	
			母线	
			电缆架	
			其他	
二	升压变电站设备及安装工程			
1		主变压器设备及安装工程		
			变压器	元/台
			轨道	双 10 m
2		高压电气设备及安装工程		
			高压断路器	
			电流互感器	

续附表 2-2

序号	一级项目	二级项目	三级项目	技术经济指标
2			电压互感器	
			隔离开关	
			110 kV 及以上高压电缆	
三	公用设备及安装工程			
1		通信设备及安装工程		
			卫星通信	
			光缆通信	
			微波通信	
			载波通信	
			生产调度通信	
			行政管理通信	
2		通信采暖设备及安装工程		
			通风机	
			空调机	
			管路系统	
3		机修设备及安装工程		
			车床	
			刨床	
			钻机	
4		计算机监控系统		
5		工业电视系统		
6		管理自动化系统		
7		全厂接地及保护网		
8		电梯设备及安装工程		
			大坝电梯	
			厂房电梯	
9		坝区馈电设备及安装工程		
			变压器	元/台
			配电装置	元/台套

续附表 2-2

序号	一级项目	二级项目	三级项目	技术经济指标
10		厂坝区供水、排水、供热设备及安装工程		
11		水文、泥沙监测设备及安装工程		
12		水情自动测报系统设备及安装工程		
13		视频及安防监控设备及安装工程		
14		安全监测设备及安装工程		
15		消防设备		
16		劳动安全与工业卫生设备及安装工程		
17		交通设备		
Ⅱ	引水工程及河道工程			
一	泵站设备及安装工程			
1		水泵设备及安装工程		
2		电动机设备及安装工程		
3		主阀设备及安装工程		
4		起重设备及安装工程		
			桥式起重机	元/t(台)
			平衡梁	元/t(副)
			轨道	元/双 10 m
			滑触线	元/三相 10 m
5		水力机械辅助设备及安装工程		
			油系统	
			压气系统	
			水系统	
			水力量测系统	
			管路(管子、附件、阀门)	
6		电气设备及安装工程		
			控制保护系统	

续附表 2-2

序号	一级项目	二级项目	三级项目	技术经济指标
6			盘柜 电缆 母线	
二	水闸设备及安装工程			
		电气一次设备及安装工程		
		电气二次设备及安装工程		
三	电站设备及安装工程			
四	供电设备及安装工程			
		变电站设备及安装工程		
五	公用设备及安装工程			
1		通信设备及安装工程	卫星通信 光缆通信 微波通信 载波通信 生产调度通信 行政管理通信	
2		通风采暖设备及安装工程	通风机 空调机 管路系统	
3		机修设备及安装工程	车床 刨床 钻机	
4		计算机监控系统		
5		管理自动化系统		
6		全厂接地及保护网		

续附表 2-2

序号	一级项目	二级项目	三级项目	技术经济指标
7		厂坝区供水、排水、供热设备及安装工程		
8		水文、泥沙监测设备及安装工程		
9		水情自动测报系统设备及安装工程		
10		视频及安防监控设备及安装工程		
11		安全监测设备及安装工程		
12		消防设备		
13		劳动安全与工业卫生设备及安装工程		
14		交通设备		

三、第三部分　金属结构设备及安装工程

附表 2-3

Ⅰ	枢纽工程			
序号	一级项目	二级项目	三级项目	技术经济指标
一	挡水工程			
1		闸门设备及安装工程		
			平板门	元/t
			弧形门	元/t
			埋件	元/t
			闸门、埋件防腐	元/t(m^2)
2		启闭设备及安装工程		
			卷扬式启闭机	元/t(台)
			门式启闭机	元/t(台)
			油压启闭机	元/t(台)
			轨道	元/双 10 m
3		拦污设备及安装工程		
			拦污栅	元/t

续附表 2-3

序号	一级项目	二级项目	三级项目	技术经济指标
3			清污机	元/t(台)
二	泄洪工程			
1		闸门设备及安装工程		
2		启闭设备及安装工程		
3		拦污设备及安装工程		
三	引水工程			
1		闸门设备及安装工程		
2		启闭设备及安装工程		
3		拦污设备及安装工程		
4		压力钢管制作及安装工程		
四	发电厂工程			
1		闸门设备及安装工程		
2		启闭设备及安装工程		
五	航运工程			
1		闸门设备及安装工程		
2		启闭设备及安装工程		
3		升船机设备及安装工程		
六	鱼道工程			
Ⅱ	引水工程及河道工程			
一	泵站工程			
1		闸门设备及安装工程		
2		启闭机设备及安装工程		
3		拦污设备及安装工程		
二	水闸(涵)工程			
1		闸门设备及安装工程		
2		启闭机设备及安装工程		
3		拦污设备及安装工程		
三	小水电站工程			

续附表 2-3

序号	一级项目	二级项目	三级项目	技术经济指标
1		闸门设备及安装工程		
2		启闭机设备及安装工程		
3		拦污设备及安装工程		
4		压力钢管制作及安装工程		
四	调蓄水库工程			
五	其他建筑物工程			

四、第四部分　施工临时工程

附表 2-4

序号	一级项目	二级项目	三级项目	技术经济指标
一	导流工程			
1		导流明渠工程		
			土方开挖	元/m^3
			石方开挖	元/m^3
			模板	元/m^2
			混凝土	元/m^3
			钢筋	元/t
			锚杆	元/根
2		导流洞工程		
			土方开挖	元/m^3
			石方开挖	元/m^3
			模板	元/m^2
			混凝土	元/m^3
			钢筋	元/t
			喷混凝土	元/m^3
			锚杆(索)	元/根(束)
3		土石围堰工程		
			土方开挖	元/m^3

续附表 2-4

序号	一级项目	二级项目	三级项目	技术经济指标
3			石方开挖	元/m^3
			堰体填筑	元/m^3
			砌石	元/m^3
			防渗	元/m^3(m^2)
			堰体拆除	元/m^3
			其他	
4		混凝土围堰工程		
			土方开挖	元/m^3
			石方开挖	元/m^3
			模板	元/m^2
			混凝土	元/m^3
			防渗	元/m^3(m^2)
			堰体拆除	元/m^3
			其他	
5		蓄水期下游断流补偿设施工程		
6		金属结构制作及安装工程		
二	施工交通工程			
1		公路工程		元/km
2		铁路工程		元/km
3		桥梁工程		元/延米
4		施工支洞工程		
5		码头工程		
6		转运站工程		
三	施工供电工程			
1		220 kV 供电线路		元/km
2		110 kV 供电线路		元/km
3		35 kV 供电线路		元/km
4		10 kV 供电线路(引水及河道)		元/km

续附表 2-4

序号	一级项目	二级项目	三级项目	技术经济指标
5		变配电设施设备(场内除外)		元/座
四	施工房屋建筑工程			
1		施工仓库		
2		办公、生活及文化福利建筑		
五	其他施工临时工程			

注:凡永久与临时结合的项目列入相应永久工程项目内。

五、第五部分 独立费用

附表 2-5

序号	一级项目	二级项目	三级项目	技术经济指标
一	建设管理费			
二	工程建设监理费			
三	联合试运转费			
四	生产准备费			
1		生产及管理单位提前进厂费		
2		生产职工培训费		
3		管理用具购置费		
4		备品备件购置费		
5		工器具及生产家具购置费		
五	科研勘测设计费			
1		工程科学研究试验费		
2		工程勘测设计费		
六	其他			
1		工程保险费		
2		其他税费		

附录 3　人工预算单价计算标准

附表 3-1　人工预算单价计算标准　　（单位：元/工时）

类别与等级	一般地区	一类区	二类区	三类区	四类区	五类区 西藏 二类区	六类区 西藏 三类区	西藏 四类区
枢纽工程								
工长	11.55	11.80	11.98	12.26	12.76	13.61	14.63	15.40
高级工	10.67	10.92	11.09	11.38	11.88	12.73	13.74	14.51
中级工	8.90	9.15	9.33	9.62	10.12	10.96	11.98	12.75
初级工	6.13	6.38	6.55	6.84	7.34	8.19	9.21	9.98
引水工程								
工长	9.27	9.47	9.61	9.84	10.24	10.92	11.73	12.11
高级工	8.57	8.77	8.91	9.14	9.54	10.21	11.03	11.40
中级工	6.62	6.82	6.96	7.19	7.59	8.26	9.08	9.45
初级工	4.64	4.84	4.98	5.21	5.61	6.29	7.10	7.47
河道工程								
工长	8.02	8.19	8.31	8.52	8.86	9.46	10.17	10.49
高级工	7.40	7.57	7.70	7.90	8.25	8.84	9.55	9.88
中级工	6.16	6.33	6.46	6.66	7.01	7.60	8.31	8.63
初级工	4.26	4.43	4.55	4.76	5.10	5.70	6.41	6.73

注：1. 艰苦边远地区划分执行人事部、财政部《关于印发〈完善艰苦边远地区津贴制度实施方案〉的通知》（国人部发〔2006〕61 号）及各省（自治区、直辖市）关于艰苦边远地区津贴制度实施意见。一至六类地区的类别划分参见附录 4，执行时应根据最新文件进行调整。一般地区指附录 4 之外的地区。

2. 西藏地区的类别执行西藏特殊津贴制度相关文件规定，其二至四类地区划分的具体内容见附录 5。

3. 跨地区建设项目的人工预算单价可按主要建筑物所在地确定，也可按工程规模或投资比例进行综合确定。

附录4 艰苦边远地区类别划分

一、新疆维吾尔自治区(99个)

一类区(1个)

乌鲁木齐市:东山区。

二类区(11个)

乌鲁木齐市:天山区、沙依巴克区、新市区、水磨沟区、头屯河区、达坂城区、乌鲁木齐县。

石河子市。

昌吉回族自治州:昌吉市、阜康市、米泉市。

三类区(29个)

五家渠市。

阿拉尔市。

阿克苏地区:阿克苏市、温宿县、库车县、沙雅县。

吐鲁番地区:吐鲁番市、鄯善县。

哈密地区:哈密市。

博尔塔拉蒙古自治州:博乐市、精河县。

克拉玛依市:克拉玛依区、独山子区、白碱滩区、乌尔禾区。

昌吉回族自治州:呼图壁县、玛纳斯县、奇台县、吉木萨尔县。

巴音郭楞蒙古自治州:库尔勒市、轮台县、博湖县、焉耆回族自治县。

伊犁哈萨克自治州:奎屯市、伊宁市、伊宁县。

塔城地区:乌苏市、沙湾县、塔城市。

四类区(37个)

图木舒克市。

喀什地区:喀什市、疏附县、疏勒县、英吉沙县、泽普县、麦盖提县、岳普湖县、伽师县、巴楚县。

阿克苏地区:新和县、拜城县、阿瓦提县、乌什县、柯坪县。

吐鲁番地区:托克逊县。

克孜勒苏柯尔克孜自治州:阿图什市。

博尔塔拉蒙古自治州:温泉县。

昌吉回族自治州:木垒哈萨克自治县。

巴音郭楞蒙古自治州:尉犁县、和硕县、和静县。

伊犁哈萨克自治州:霍城县、巩留县、新源县、察布查尔锡伯自治县、特克斯县、尼勒克县。

塔城地区:额敏县、托里县、裕民县、和布克赛尔蒙古自治县。

阿勒泰地区:阿勒泰市、布尔津县、富蕴县、福海县、哈巴河县。

五类区(16个)

喀什地区:莎车县。

和田地区:和田市、和田县、墨玉县、洛浦县、皮山县、策勒县、于田县、民丰县。
哈密地区:伊吾县、巴里坤哈萨克自治县。
巴音郭楞蒙古自治州:若羌县、且末县。
伊犁哈萨克自治州:昭苏县。
阿勒泰地区:清河县、吉木乃县。

六类区(5 个)

克孜勒苏柯尔克孜自治州:阿克陶县、阿合奇县、乌恰县。
喀什地区:塔什库尔干塔吉克自治县、叶城县。

二、宁夏回族自治区(19 个)

一类区(11 个)

银川市:兴庆区、灵武市、永宁县、贺兰县。
石嘴山市:大武口区、惠农区、平罗县。
吴忠市:利通区、青铜峡市。
中卫市:沙坡头区、中宁县。

三类区(8 个)

吴忠市:盐池县、同心县。
固原市:原州区、西吉县、隆德县、泾源县、彭阳县。
中卫市:海原县。

三、青海省(43 个)

二类区(6 个)

西宁市:城中区、城东区、城西区、城北区。
海东地区:乐都县、民和回族土族自治县。

三类区(8 个)

西宁市:大通回族土族自治县、湟源县、湟中县。
海东地区:平安县、互助土族自治县、循化撒拉族自治县。
海南藏族自治州:贵德县。
黄南藏族自治州:尖扎县。

四类区(12 个)

海东地区:化隆回族自治县。
海北藏族自治州:海晏县、祁连县、门源回族自治县。
海南藏族自治州:共和县、同德县、贵南县。
黄南藏族自治州:同仁县。
海西蒙古族藏族自治州:德令哈市、格尔木市、乌兰县、都兰县。

五类区(10 个)

海北藏族自治州:刚察县。
海南藏族自治州:兴海县。

黄南藏族自治州:泽库县、河南蒙古族自治县。
果洛藏族自治州:玛沁县、班玛县、久治县。
玉树藏族自治州:玉树县、囊谦县。
海西蒙古族藏族自治州:天峻县。
六类区(7个)
果洛藏族自治州:甘德县、达日县、玛多县。
玉树藏族自治州:杂多县、称多县、治多县、曲麻莱县。

四、甘肃省(83个)

一类区(14个)
兰州市:红古区。
白银市:白银区。
天水市:秦州区、麦积区。
庆阳市:西峰区、庆城县、合水县、正宁县、宁县。
平凉市:崆峒区、泾川县、灵台县、崇信县、华亭县。
二类区(40个)
兰州市:永登县、皋兰县、榆中县。
嘉峪关市。
金昌市:金川区、永昌县。
白银市:平川区、靖远县、会宁县、景泰县。
天水市:清水县、秦安县、甘谷县、武山县。
武威市:凉州区。
酒泉市:肃州区、玉门市、敦煌市。
张掖市:甘州区、临泽县、高台县、山丹县。
定西市:安定区、通渭县、临洮县、漳县、岷县、渭源县、陇西县。
陇南市:武都区、成县、宕昌县、康县、文县、西和县、礼县、两当县、徽县。
临夏回族自治州:临夏市、永靖县。
三类区(18个)
天水市:张家川回族自治县。
武威市:民勤县、古浪县。
酒泉市:金塔县、安西县。
张掖市:民乐县。
庆阳市:环县、华池县、镇原县。
平凉市:庄浪县、静宁县。
临夏回族自治州:临夏县、康乐县、广河县、和政县。
甘南藏族自治州:临潭县、舟曲县、迭部县。
四类区(9个)
武威市:天祝藏族自治县。

酒泉市：肃北蒙古族自治县、阿克塞哈萨克族自治县。
张掖市：肃南裕固族自治县。
临夏回族自治州：东乡族自治县、积石山保安族东乡族撒拉族自治县。
甘南藏族自治州：合作市、卓尼县、夏河县。
五类区（2个）
甘南藏族自治州：玛曲县、碌曲县。

五、陕西省（48个）

一类区（45个）
延安市：延长县、延川县、子长县、安塞县、志丹县、吴起县、甘泉县、富县、宜川县。
铜川市：宜君县。
渭南市：白水县。
咸阳市：永寿县、彬县、长武县、旬邑县、淳化县。
宝鸡市：陇县、太白县。
汉中市：宁强县、略阳县、镇巴县、留坝县、佛坪县。
榆林市：榆阳区、神木县、府谷县、横山县、靖边县、绥德县、吴堡县、清涧县、子洲县。
安康市：汉阴县、石泉县、宁陕县、紫阳县、岚皋县、平利县、镇坪县、白河县。
商洛市：商州区、商南县、山阳县、镇安县、柞水县。
二类区（3个）
榆林市：定边县、米脂县、佳县。

六、云南省（120个）

一类区（36个）
昆明市：东川区、晋宁县、富民县、宜良县、嵩明县、石林彝族自治县。
曲靖市：麒麟区、宣威市、沾益县、陆良县。
玉溪市：江川县、澄江县、通海县、华宁县、易门县。
保山市：隆阳县、昌宁县。
昭通市：水富县。
普洱市：翠云区、潜尔哈尼族彝族自治县、景谷彝族傣族自治县。
临沧市：临翔区、云县。
大理白族自治州：永平县。
楚雄彝族自治州：楚雄市、南华县、姚安县、永仁县、元谋县、武定县、禄丰县。
红河哈尼族彝族自治州：蒙自县、开远市、建水县、弥勒县。
文山壮族苗族自治州：文山县。
二类区（59个）
昆明市：禄劝彝族苗族自治县、寻甸回族自治县。
曲靖市：马龙县、罗平县、师宗县、会泽县。
玉溪市：峨山彝族自治县、新平彝族傣族自治县、元江哈尼族彝族傣族自治县。

保山市:施甸县、腾冲县、龙陵县。

昭通市:昭阳区、绥江县、威信县。

丽江市:古城区、永胜县、华坪县。

普洱市:墨江哈尼族自治县、景东彝族自治县、镇沅彝族哈尼族拉祜族自治县、江城哈尼族彝族自治县、澜沧拉祜族自治县。

临沧市:凤庆县、永德县。

德宏傣族景颇族自治州:潞西市、瑞丽市、梁河县、盈江县、陇川县。

大理白族自治州:祥云县、宾川县、弥渡县、云龙县、洱源县、剑川县、鹤庆县、漾濞彝族自治县、南涧彝族自治县、巍山彝族回族自治县。

楚雄彝族自治州:双柏县、牟定县、大姚县。

红河哈尼族彝族自治州:绿春县、石屏县、泸西县、金平苗族瑶族傣族自治县、河口瑶族自治县、屏边苗族自治县。

文山壮族苗族自治州:砚山县、西畴县、麻栗坡县、马关县、丘北县、广南县、富宁县。

西双版纳傣族自治州:景洪市、勐海县、勐腊县。

三类区(20个)

曲靖市:富源县。

昭通市:鲁甸县、盐津县、大关县、永善县、镇雄县、彝良县。

丽江市:玉龙纳西族自治县、宁蒗彝族自治县。

普洱市:孟连傣族拉祜族佤族自治县、西盟佤族自治县。

临沧市:镇康县、双江拉祜族佤族布朗族傣族自治县、耿马傣族佤族自治县、沧源佤族自治县。

怒江傈僳族自治州:泸水县、福贡县、兰坪白族普米族自治县。

红河哈尼族彝族自治州:元阳县、红河县。

四类区(3个)

昭通市:巧家县。

怒江傈僳族自治州:贡山独龙族怒族自治县。

迪庆藏族自治州:维西傈僳族自治县。

五类区(1个)

迪庆藏族自治州:香格里拉县。

六类区(1个)

迪庆藏族自治州:德钦县。

七、贵州省(77个)

一类区(34个)

贵阳市:清镇市、开阳县、修文县、息烽县。

六盘水市:六枝特区。

遵义市:赤水市、遵义县、绥阳县、凤冈县、湄潭县、余庆县、习水县。

安顺市:西秀区、平坝县、普定县。

毕节地区:金沙县。

铜仁地区:江口县、石阡县、思南县、松桃苗族自治县。

黔东南苗族侗族自治州:凯里市、黄平县、施秉县、三穗县、镇远县、岑巩县、锦屏县、麻江县。

黔南布依族苗族自治州:都匀市、贵定县、瓮安县、独山县、龙里县。

黔西南布依族苗族自治州:兴义市。

二类区(36 个)

六盘水市:钟山区、盘县。

遵义市:仁怀市、桐梓县、正安县、道真仡佬族苗族自治县、务川仡佬族苗族自治县。

安顺市:关岭布依族苗族自治县、镇宁布依族苗族自治县、紫云苗族布依族自治县。

毕节地区:毕节市、大方县、黔西县。

铜仁地区:德江县、印江土家族苗族自治县、沿河土家族自治县、万山特区。

黔东南苗族侗族自治州:天柱县、剑河县、台江县、黎平县、榕江县、从江县、雷山县、丹寨县。

黔南布依族苗族自治州:荔波县、平塘县、罗甸县、长顺县、惠水县、三都水族自治县。

黔西南布依族苗族自治州:兴仁县、贞丰县、望谟县、册亨县、安龙县。

三类区(7 个)

六盘水市:水城县。

毕节地区:织金县、纳雍县、赫章县、威宁彝族回族苗族自治县。

黔西南布依族苗族自治州:普安县、晴隆县。

八、四川省(77 个)

一类区(24 个)

广元市:朝天区、旺苍县、青川县。

泸州市:叙永县、古蔺县。

宜宾市:筠连县、珙县、兴文县、屏山县。

攀枝花市:东区、西区、仁和区、米易县。

巴中市:通江县、南江县。

达州市:万源市、宣汉县。

雅安市:荥经县、石棉县、天全县。

凉山彝族自治州:西昌市、德昌县、会理县、会东县。

二类区(13 个)

绵阳市:北川羌族自治县、平武县。

雅安市:汉源县、芦山县、宝兴县。

阿坝藏族羌族自治州:汶川县、理县、茂县。

凉山彝族自治州:宁南县、普格县、喜德县、冕宁县、越西县。

三类区(9 个)

乐山市:金口河区、峨边彝族自治县、马边彝族自治县。

攀枝花市:盐边县。

阿坝藏族羌族自治州:九寨沟县。

甘孜藏族自治州:泸定县。

凉山彝族自治州:盐源县、甘洛县、雷波县。

四类区(20 个)

阿坝藏族羌族自治州:马尔康县、松潘县、金川县、小金县、黑水县。

甘孜藏族自治州:康定县、丹巴县、九龙县、道孚县、炉霍县、新龙县、德格县、白玉县、巴塘县、乡城县。

凉山彝族自治州:布拖县、金阳县、昭觉县、美姑县、木里藏族自治县。

五类区(8 个)

阿坝藏族羌族自治州:壤塘县、阿坝县、若尔盖县、红原县。

甘孜藏族自治州:雅江县、甘孜县、稻城县、得荣县。

六类区(3 个)

甘孜藏族自治州:石渠县、色达县、理塘。

九、重庆市(11 个)

一类区(4 个)

黔江区、武隆县、巫山县、云阳县。

二类区(7 个)

城口县、巫溪县、奉节县、石柱土家族自治县、彭水苗族土家族自治县、酉阳土家族苗族自治县、秀山土家族苗族自治县。

十、海南省(7 个)

一类区(7 个)

五指山市、昌江黎族自治县、白沙黎族自治县、琼中黎族苗族自治县、陵水黎族自治县、保亭黎族苗族自治县、乐东黎族自治县。

十一、广西壮族自治区(58 个)

一类区(36 个)

南宁市:横县、上林县、隆安县、马山县。

桂林市:全州县、灌阳县、资源县、平乐县、恭城瑶族自治县。

柳州市:柳城县、鹿寨县、融安县。

梧州市:蒙山县。

防城港市:上思县。

崇左市:江州区、扶绥县、天等县。

百色市:右江区、田阳县、田东县、平果县、德保县、田林县。

河池市:金城江区、宜州市、南丹县、天峨县、罗城仫佬族自治县、环江毛南族自治县。

来宾市:兴宾区、象州县、武宣县、忻城县。

贺州市:昭平县、钟山县、富川瑶族自治县。

二类区(22 个)

桂林市:龙胜各族自治县。

柳州市:三江侗族自治县、融水苗族自治县。

防城港市:港口区、防城区、东兴市。

崇左市:凭祥市、大新县、宁明县、龙州县。

百色市:靖西县、那坡县、凌云县、乐业县、西林县、隆林各族自治县。

河池市:凤山县、东兰县、巴马瑶族自治县、都安瑶族自治县、大化瑶族自治县。

来宾市:金秀瑶族自治县。

十二、湖南省(14 个)

一类区(6 个)

张家界市:桑植县。

永州市:江华瑶族自治县。

邵阳市:城步苗族自治县。

怀化市:麻阳苗族自治县、新晃侗族自治县、通道侗族自治县。

二类区(8 个)

湘西土家族苗族自治州:吉首市、泸溪县、凤凰县、花垣县、保靖县、古丈县、永顺县、龙山县。

十三、湖北省(18 个)

一类区(10 个)

十堰市:郧县、竹山县、房县、郧西县、竹溪县。

宜昌市:兴山县、秭归县、长阳土家族自治县、五峰土家族自治县。

神龙架林区。

二类区(8 个)

恩施土家族苗族自治州:恩施市、利川市、建始县、巴东县、宣恩县、咸丰县、来凤县、鹤峰县。

十四、黑龙江省(104 个)

一类区(32 个)

哈尔滨市:尚志市、五常市、依兰县、方正县、宾县、巴彦县、木兰县、通和县、延寿县。

齐齐哈尔市:龙江县、依安县、富裕县。

大庆市:肇州县、肇源县、林甸县。

伊春市:铁力市。

佳木斯市:富锦市、桦南县、桦川县、汤原县。

双鸭山市:友谊县。

七台河市:勃利县。

牡丹江市:海林市、宁安市、林口县。

绥化市:北林区、安达市、海伦市、望奎县、青冈县、庆安县、绥棱县。

二类区(67 个)

齐齐哈尔市:建华区、龙沙区、铁峰区、昂昂溪区、富拉尔基区、碾子山区、梅里斯达斡尔族区、讷河市、甘南县、克山县、克东县、拜泉县。

黑河市:爱辉区、北安市、五大连池市、嫩江县。

大庆市:杜尔伯特蒙古族自治县。

伊春市:伊春区、南岔区、友好区、西林区、翠峦区、新春区、美溪区、金山屯区、五营区、乌马河区、汤旺河区、带岭区、乌伊岭区、红星区、上甘岭区、嘉荫县。

鹤岗市:兴山区、向阳区、工农区、南山区、兴安区、东山区、萝北县、绥滨县。

佳木斯市:同江市、抚远县。

双鸭山市:尖山区、岭东区、四方台区、宝山区、集贤县、宝清县、饶河县。

七台河市:桃山区、新兴区、茄子河区。

鸡西市:鸡冠区、恒山区、滴道区、梨树区、城子河区、麻山区、虎林市、密山市、鸡东县。

牡丹江市:穆棱市、绥芬河市、东宁县。

绥化市:兰西县、明水县。

三类区(5 个)

黑河市:逊克县、孙吴县。

大兴安岭地区:呼玛县、塔河县、漠河县。

十五、吉林省(25 个)

一类区(14 个)

长春市:榆树市。

白城市:大安市、镇赉县、通榆县。

松原市:长岭县、乾安县。

吉林市:舒兰市。

四平市:伊通满族自治县。

辽源市:东辽县。

通化市:集安市、柳河县。

白山市:八道江区、临江市、江源县。

二类区(11 个)

白山市:抚松县、靖宇县、长白朝鲜族自治县。

延边朝鲜族自治州:延吉市、图们市、敦化市、珲春市、龙井市、和龙市、汪清县、安图县。

十六、辽宁省(14 个)

一类区(14 个)

沈阳市:康平县。

朝阳市:北票市、凌源市、朝阳县、建平县、喀喇沁左翼蒙古族自治县。

阜新市:彰武县、阜新蒙古族自治县。
铁岭市:西丰县、昌图县。
抚顺市:新宾满族自治县。
丹东市:宽甸满族自治县。
锦州市:义县。
葫芦岛市:建昌县。

十七、内蒙古自治区(95个)

一类区(23个)
呼和浩特市:赛罕区、托克托县、土默特左旗。
包头市:石拐区、九原区、土默特右旗。
赤峰市:红山区、元宝山区、松山区、宁城县、巴林右旗、敖汉旗。
通辽市:科尔沁区、开鲁县、科尔沁左翼右旗。
鄂尔多斯市:东胜区、达拉特旗。
乌兰察布市:集宁区、丰镇市。
巴彦淖尔市:临河区、五原县、磴口县。
兴安盟:乌兰浩特市。
二类区(39个)
呼和浩特市:武川县、和林格尔县、清水河县。
包头市:白云矿区、固阳县。
乌海市:海勃湾区、海南区、乌达区。
赤峰市:林西县、阿鲁科尔沁旗、巴林左旗、克什克腾旗、翁牛特旗、喀喇沁旗。
通辽市:库伦旗、奈曼旗、扎鲁特旗、科尔沁左翼中旗。
呼伦贝尔市:海拉尔区、满洲里市、扎兰屯市、阿荣旗。
鄂尔多斯市:准格尔旗、鄂托克旗、杭锦旗、乌审旗、伊金霍洛旗。
乌兰察布市:卓资县、兴和县、凉城县、察哈尔右翼前旗。
巴彦淖尔市:乌拉特前旗、杭锦后旗。
兴安盟:突泉县、科尔沁右翼前旗、科尔沁右翼中旗、扎赉特旗。
锡林郭勒盟:锡林浩特市、二连浩特市。
三类区(24个)
包头市:达尔罕茂明安联合旗。
通辽市:霍林郭勒市。
呼伦贝尔市:牙克石市、额尔古纳市、新巴尔虎右旗、新巴尔虎左旗、陈巴尔虎旗、鄂伦春自治旗、鄂温克族自治旗、莫力达瓦达斡尔族自治旗。
鄂尔多斯市:鄂托克前旗。
乌兰察布市:化德县、商都县、察哈尔右翼中旗、察哈尔右翼后旗。
巴彦淖尔市:乌拉特中旗。
兴安盟:阿尔山市。

锡林郭勒盟:多伦县、东乌珠穆沁旗、西乌珠穆沁旗、太仆侍旗、镶黄旗、正镶白旗、正蓝旗。

四类区(9 个)

呼伦贝尔市:根河市。

乌兰察布市:四子王旗。

巴彦淖尔市:乌拉特后旗。

锡林郭勒盟:阿巴嘎旗、苏尼特左旗、苏尼特右旗。

阿拉善盟:阿拉善左旗、阿拉善右旗、额济纳旗。

十八、山西省(44 个)

一类区(41 个)

太原市:娄烦县。

大同市:阳高县、灵丘县、浑源县、大同县。

朔州市:平鲁区。

长治市:平顺县、壶关县、武乡县、沁县。

晋城市:陵川县。

忻州市:五台县、代县、繁峙县、宁武县、静乐县、神池县、五寨县、岢岚县、河曲县、保德县、偏关县。

晋中市:榆社县、左权县、和顺县。

临汾市:古县、安泽县、浮山县、吉县、大宁县、永和县、隰县、汾西县。

吕梁市:中阳县、兴县、临县、方山县、柳林县、岚县、交口县、石楼县。

二类区(3 个)

大同市:天镇县、广灵县。

朔州市:右玉县。

十九、河北省(28 个)

一类区(21 个)

石家庄市:灵寿县、赞皇县、平山县。

张家口市:宣化县、蔚县、阳原县、怀安县、万全县、怀来县、涿鹿县、赤城县。

承德市:承德县、兴隆县、平泉县、滦平县、隆化县、宽城满族自治县。

秦皇岛市:青龙满族自治县。

保定市:涞源县、涞水县、阜平县。

二类区(4 个)

张家口市:张北县、崇礼县。

承德市:丰宁满族自治县、围场满族蒙古族自治县。

三类区(3 个)

张家口市:康保县、沽源县、尚义县。

附录5　西藏自治区特殊津贴地区类别

二类区

拉萨市:拉萨市城关区及所属办事处,达孜县,尼木县县驻地、尚日区、吞区、尼木区,曲水县,墨竹工卡县(不含门巴区和直孔区),堆龙德庆县。

昌都地区:昌都县(不含妥坝区、拉多区、面达区),芒康县(不含戈波区),贡觉县县驻地、波洛区、香具区、哈加区,八宿县(不含邦达区、同卡区、夏雅区),左贡县(不含川妥区、美玉区),边坝县(不含恩来格区),洛隆县(不含腊久区),江达县(不含德登区、青泥洞区、字嘎区、邓柯区、生达区),类乌齐县县驻地、桑多区、尚卡区、甲桑卡区,丁青县(不含嘎塔区),察雅县(不含括热区、宗沙区)。

山南地区:乃东县,琼结县(不含加麻区),措美县当坝区、乃西区,加查县,贡嘎县(不含东拉区),洛扎县(不含色区和蒙达区),曲松县(不含贡康沙区、邛多江区),桑日县(不含真纠区),扎囊县,错那县勒布区、觉拉区,隆子县县驻地、加玉区、三安曲林区、新巴区,浪卡子县卡拉区。

日喀则地区:日喀则市,萨迦县孜松区、吉定区,江孜县卡麦区、重孜区,拉孜县拉孜区、扎西岗区、彭错林区,定日县卡选区、绒辖区,聂拉木县县驻地,吉隆县吉隆区,亚东县县驻地、下司马镇、下亚东区、上亚东区,谢通门县县驻地、恰嘎区,仁布县县驻地、仁布区、德吉林区,白朗县(不含汪丹区),南木林县多角区、艾玛岗区、土布加区,樟木口岸。

林芝地区:林芝县,朗县,米林县,察隅县,波密县,工布江达县(不含加兴区、金达乡)。

三类区

拉萨市:林周县,尼木县安岗区、帕谷区、麻江区,当雄县(不含纳木错区),墨竹工卡县门巴区、直孔区。

那曲地区:嘉黎县尼屋区,巴青县县驻地、高口区、益塔区、雅安多区,比如县(不含下秋卡区、恰则区),索县。

昌都地区:昌都县妥坝区、拉多区、面达区,芒康县戈波区,贡觉县则巴区、拉妥区、木协区、罗麦区、雄松区,八宿县邦达区、同卡区、夏雅区,左贡县田妥区、美玉区,边坝县恩来格区,洛隆县腊久区,江达县德登区、青泥洞区、字嘎区、邓柯区、生达区,类乌齐县长毛岭区、卡玛多(巴夏)区、类乌齐区,察雅县括热区、宗沙区。

山南地区:琼结县加麻区,措美县县驻地、当许区,洛扎县色区、蒙达区,曲松县贡康沙区、邛多江区,桑日县真纠区,错那县县驻地、洞嘎区、错那区,隆子县甘当区、扎日区、俗坡下区、雪萨区,浪卡子县(不含卡拉区、张达区、林区)。

日喀则地区:定结县县驻地、陈塘区、萨尔区、定结区、金龙区,萨迦县(不含孜松区、吉定区),江孜县(不含卡麦区、重孜区),拉孜县县驻地、曲下区、温泉区、柳区,定日县(不含卡达区、绒辖区),康马县,聂拉木县(不含县驻地),吉隆县(不含吉隆区),亚东县帕里镇、堆纳区,谢通门县塔玛区、查拉区、德来区,昂仁县(不含桑桑区、查孜区、措麦区),萨噶县旦嘎区,仁布县帕当区、然巴区、亚德区,白朗县汪丹区,南木林县(不含多角区、艾玛岗区、土布加区)。

林芝地区:墨脱县,工布江达县加兴区、金达乡。

四类区

拉萨市:当雄县纳木错区。

那曲地区:那曲县,嘉黎县(不含尼屋区),申扎县,巴青县江绵区、仓来区、巴青区、本索区、聂荣县,尼玛县,比如县下秋卡区,恰则区,班戈县,安多县。

昌都地区:丁青县嘎塔区。

山南地区:措美县哲古区,贡嘎县东拉区,隆子县雪萨乡,浪卡子县张达区、林区。

日喀则地区:定结县德吉(日屋区),谢通门县春哲(龙桑)区、南木切区,昂仁县桑桑区、查孜区、措麦区、岗巴县,仲巴县,萨噶县(不含旦嘎区)。

阿里地区:噶尔县,措勒县,普兰县、革吉县,日土县,扎达县,改则县。

附录 6 概算表格

一、工程概算总表

工程概算总表由工程部分的总概算表与建设征地移民补偿、环境保护工程、水土保持工程的总概算表汇总并计算而成，如附表 6-1 所示。表中：Ⅰ为工程部分总概算表，按项目划分的五部分填表并列至一级项目；Ⅱ为建设征地移民补偿总概算表，列至一级项目；Ⅲ为环境保护工程总概算表；Ⅳ为水土保持工程总概算表；Ⅴ包括静态总投资（Ⅰ～Ⅳ项静态投资合计）、价差预备费、建设期融资利息、总投资。

附表 6-1 工程概算总表 （单位：万元）

序号	工程或费用名称	建安工程费	设备购置费	独立费用	合计
Ⅰ	工程部分投资				
	第一部分 建筑工程				
	……				
	第二部分 机电设备安装工程				
	……				
	第三部分 金属结构设备及安装工程				
	……				
	第四部分 施工临时工程				
	……				
	第五部分 独立费用				
	……				
	一至五部分投资合计				
	基本预备费				
	静态投资				
Ⅱ	建设征地移民补偿投资				
一	农村部门补偿费				
二	城（集）镇部门补偿费				
三	工业企业补偿费				
四	专业项目补偿费				
五	防护工程费				
六	库底清理费				
七	其他费用				
	一至七项小计				
	基本预备费				
	有关税费				
	静态投资				

续附表 6-1 工程概算总表

序号	工程或费用名称	建安工程费	设备购置费	独立费用	合计
Ⅲ	环境保护工程投资				
	静态投资				
Ⅳ	水土保持工程投资				
	静态投资				
Ⅴ	工程投资总计（Ⅰ～Ⅳ合计）				
	静态总投资				
	价差预备费				
	建设期融资利息				
	总投资				

二、概算表

概算表包括总概算表、建筑工程概算表、设备及安装工程概算表、分年度投资表、资金流量表。

（一）总概算表

按项目划分的五部分填表并列至一级项目。五部分之后的内容为一至五部分投资合计、基本预备费、静态总投资、价差预备费、建设期融资利息、总投资（见附表 6-2）。

附表 6-2 总概算表 （单位：万元）

序号	工程或费用名称	建安工程费	设备购置费	独立费用	合计	占一至五部分投资比例（%）
	各部分投资					
	一至五部分投资合计					
	基本预备费					
	静态总投资					
	价差预备费					
	建设期融资利息					
	总投资					

（二）建筑工程概算表

按项目划分列至三级项目，如附表 6-3 所示。

附表 6-3 建筑工程概算表

序号	工程或费用名称	单位	数量	单价（元）	合计（万元）

本表适用于编制建筑工程概算、施工临时工程概算和独立费用概算。

(三)设备及安装工程概算表

按项目划分列至三级项目,如附表 6-4 所示。

附表 6-4 设备及安装工程概算表

序号	名称及规格	单位	数量	单价(元)		合计(万元)	
				设备费	安装费	设备费	安装费

本表适用于编制机电和金属结构设备及安装工程概算。

(四)分年度投资表

可视不同情况按项目划分列至一级项目。枢纽工程原则上按附表 6-5 编制分年度投资,为编制资金流量表做准备。某些工程施工期较短,可不编制资金流量表,因此其分年度投资表的项目可按工程部分总概算表的项目列入。

附表 6-5 分年度投资表 (单位:万元)

项目	合计	建设工期(年)							
		1	2	3	4	5	6	7	8
一、建筑工程									
1. 建筑工程									
×××工程(一级项目)									
2. 施工临时工程									
×××工程(一级项目)									
二、安装工程									
1. 发电设备及安装工程									
2. 变电设备及安装工程									
3. 公用设备及安装工程									
4. 金属结构设备及安装工程									
三、设备工程									
1. 发电设备									
2. 变电设备									
3. 公用设备									
4. 金属结构设备									
四、独立费用									
1. 建设管理费									
2. 生产准备费									
3. 科研勘测设计费									
4. 建设及施工场地征用费									
5. 其他									
一至四部分合计									

（五）资金流量表

可视不同情况按项目划分列至一级或二级项目，如附表 6-6 所示。

附表 6-6　资金流量表　　（单位：万元）

项目	合计	建设工期（年）							
		1	2	3	4	5	6	7	8
一、建筑工程									
分年度资金流量									
×××工程									
……									
二、安装工程									
分年度资金流量									
三、设备工程									
分年度资金流量									
四、独立费用									
分年度资金流量									
一至四部分合计									
分年度资金流量									
基本预备费									
静态总投资									
价差预备费									
建设期融资利息									
总投资									

三、概算附表

概算附表包括建筑工程单价汇总表（见附表 6-7）、安装工程单价汇总表（见附表 6-8）、主要材料预算价格汇总表（见附表 6-9）、次要材料预算价格汇总表（见附表 6-10）、施工机械台时费汇总表（见附表 6-11）、主要工程量汇总表（见附表 6-12）、主要材料量汇总表（见附表 6-13）、工时数量汇总表（见附表 6-14）、建设及施工场地征用数量汇总表（见附表 6-15）。

附表 6-7　建筑工程单价汇总表　　（单位：元）

序号	名称	单位	单价	其中							
				人工费	材料费	机械使用费	其他直接费	间接费	利润	材料补差	税金

附表 6-8　安装工程单价汇总表　（单位:元）

序号	名称	单位	单价	其中								
				人工费	材料费	机械使用费	装置性材料费	未计价装置性材料费	其他直接费	间接费	利润	税金

附表 6-9　主要材料预算价格汇总表　（单位:元）

序号	名称及规格	单位	预算价格	其中			
				原价	运杂费	运输保险费	采购及保管费

附表 6-10　次要材料预算价格汇总表　（单位:元）

序号	名称及规格	单位	原价	运杂费	合计

附表 6-11　施工机械台时费汇总表　（单位:元）

序号	名称及规格	台时费	其中				
			折旧费	修理及替换设备费	安拆费	人工费	动力燃料费

附表 6-12　主要工程量汇总表

序号	项目	土石方明挖(m^3)	石方洞挖(m^3)	土石方填筑(m^3)	混凝土(m^3)	模板(m^2)	钢筋(t)	帷幕灌浆(m)	固结灌浆(m)

附表 6-13　主要材料量汇总表

序号	项目	水泥(t)	钢筋(t)	钢材(t)	木材(m^3)	炸药(t)	沥青(t)	粉煤灰(t)	汽油(t)	柴油(t)

附表 6-14　工时数量汇总表

序号	项目	工时数量	备注

附表 6-15　建设及施工场地征用数量汇总表

序号	项目	占地面积(亩)	备注

四、概算附件附表

概算附件附表包括人工预算单价计算表（见附表 6-16）、主要材料运输费用计算表（见附表 6-17）、主要材料预算价格计算表（见附表 6-18）、混凝土材料单价计算表（见附表 6-19）、建筑工程单价表（见附表 6-20）、安装工程单价表（见附表 6-21）、资金流量计算表（见附表 6-22）、主要技术经济指标表。

附表 6-16　人工预算单价计算表

艰苦边远地区类别			定额人工等级	
序号	项目	计算式		单价（元）
1	人工工时预算单价			
2	人工工日预算单价			

附表 6-17　主要材料运输费用计算表

编号	1	2	3	材料名称				材料编号	
交货条件				运输方式	火车	汽车	船运	火车	
交货地点				货物等级				整车	零担
交货比例（%）				装载系数					

编号	运输费用项目	运输起讫地点	运输距离（km）	计算公式	合计（元）
1	铁路运杂费				
	公路运杂费				
	水路运杂费				
	场内运杂费				
	综合运杂费				
2	铁路运杂费				
	公路运杂费				
	水路运杂费				
	场内运杂费				
	综合运杂费				
3	铁路运杂费				
	公路运杂费				
	水路运杂费				
	场内运杂费				
	综合运杂费				
每吨运杂费					

附表 6-18　主要材料预算价格计算表

编号	名称及规格	单位	原价依据	单位毛重（t）	每吨运费（元）	价格					
						原价	运杂费	采购及保管费	运到工地分仓库价格	保险费	预算价格

附表 6-19　混凝土材料单价计算表　（单位：m^3）

编号	混凝土强度等级	水泥强度等级	级配	预算量						单价（元）
				水泥（kg）	掺合料（kg）	砂（m^3）	石子（m^3）	外加剂（kg）	水（kg）	

附表 6-20　建筑工程单价表

定额编号__________　项目____________　定额单位__________

施工方法：

编号	名称	单位	数量	单价(元)	合计(元)

附表 6-21　安装工程单价表

定额编号__________　项目____________　定额单位__________

型号规格：

编号	名称	单位	数量	单价(元)	合计(元)

附表 6-22　资金流量计算表　（单位：万元）

序号	项目	合计	建设工期(年)						
			1	2	3	4	5	6	……
I	工程部分投资								
一	建筑工程								
(一)	×××工程								
1	分年度完成工作量								
2	预付款								
3	扣回预付款								
4	保留金								

附表 6-22

序号	项目	合计	建设工期(年)						
			1	2	3	4	5	6	……
5	偿还保留金								
(二)	×××工程								
	……								
二	安装工程								
	……								
三	设备购置费								
	……								
四	独立费用								
	……								
五	一至四项合计								
1	分年度费用								
2	预付款								
3	扣回预付款								
4	保留金								
5	偿还保留金								
	基本预备费								
	静态投资								
Ⅱ	建设征地移民补偿投资								
	……								
	静态投资								
Ⅲ	环境保护工程投资								
	……								
	静态投资								
Ⅳ	水土保持工程投资								
	……								
	静态投资								
Ⅴ	工程投资总计(Ⅰ~Ⅳ合计)								
	静态总投资								
	价差预备费								
	建设期融资利息								
	总投资								

主要技术经济指标表可根据工程具体情况进行编制,反映出主要技术经济指标即可。

参考文献

[1] 水利部水利建设经济定额站.水利建筑工程概算定额[M].郑州:黄河水利出版社,2002.

[2] 水利部水利建设经济定额站.水利建筑工程预算定额[M].郑州:黄河水利出版社,2002.

[3] 水利部水利建设经济定额站.水利水电设备安装工程概算定额[M].郑州:黄河水利出版社,2002.

[4] 水利部水利建设经济定额站.水利水电设备安装工程预算定额[M].郑州:黄河水利出版社,2002.

[5] 水利部水利建设经济定额站.水利工程施工机械台时费定额[M].郑州:黄河水利出版社,2002.

[6] 水利部水利建设经济定额站.水利工程设计概(估)算编制规定[M].郑州:黄河水利出版社,2002.

[7] 水利部水利建设经济定额站.水利工程设计概(估)算编制规定[M].北京:中国水利水电出版社,2015.

[8] 陈全会,谭兴华,王修贵.水利水电工程定额与造价[M].北京:中国水利水电出版社,2003.

[9] 梁建林,薛桦,侯林峰.水利水电工程造价与招投标[M].郑州:黄河水利出版社,2015.

[10] 方国华,朱成立.新编水利水电工程概预算[M].郑州:黄河水利出版社,2003.